U0049020

DISC

識人溝通學

跟誰都能合得來的人際經營術

Dominance、Influence、Steady、Caution

目次 CONTENTS

各界好評推薦……008
序篇　十科大會考，依然找不到自我……010

Chapter 1
溝通魔咒篇
一個平凡小家庭打不破的祖傳魔咒
不是喜歡撕殺彼此，原來是一家「猛禽院子」……018
一隻有四個名字的貓，性格決定命運？……021
瞭解DISC四型特質，就可以「知過去、測未來」……024
溝通不先看個性，很容易出人命……029
別再假借溝通之名，行說服之實……034
打到進急診，拿刀砍對方，還有救嗎？……037

Chapter 2
科學研究篇
DISC歷史發展與全球第一里程碑
擁有DISC血液的神力女超人……042
DISC之父：威廉・馬斯頓博士……045

選擇用DISC去理解「人」的三大理由……048
DISC的全球三項第一里程碑……051
進入DISC測驗前，該知道的DISC四大特性……053

Chapter 3

測驗分析篇

DISC性格模式測驗與29型全解析

DISC基礎綜合測驗規則說明……060
DISC基礎綜合測驗題目……061
DISC四型特質解析……065
DISC之29型特質全解析……069

Chapter 4

初階攻心溝通篇

立馬攻心的十六套溝通劇本

讓D型人不生氣的溝通首部曲：停看聽這座會移動的死火山……074
讓D型人不生氣的溝通二部曲：請單刀直入，不要考驗他的耐性……077
讓D型人不生氣的溝通三部曲：請給他重點，不然最好滾開……079
讓D型人不生氣的溝通四部曲：講明清楚目標，不要拐彎抹角……082
讓I型人聽進去的溝通首部曲：先調個情，暖個場吧！……085

目次
CONTENTS

讓I型人聽進去的溝通二部曲：投其所好，試著問：你的夢想是什麼？……088
讓I型人聽進去的溝通三部曲：不想看到無言的結局，給個 Sample 好嗎？……091
讓I型人聽進去的溝通四部曲：別忘了太陽的溫暖，讚美永遠不嫌多……094
讓S型人動作快的溝通首部曲：用時間鑰匙打開溝通之門……097
讓S型人動作快的溝通二部曲：安全是通往溝通目的唯一的路……099
讓S型人動作快的溝通三部曲：他的速度取決於你給的細節……102
讓S型人動作快的溝通四部曲：困難的事，他們需要更大的信心……105
讓C型人心服口服的溝通首部曲：沒有禮貌的人等於不會溝通的人……109
讓C型人心服口服的溝通二部曲：給他一個理由而不是話術……112
讓C型人心服口服的溝通三部曲：真相只有一個：「有力的論點」……115
讓C型人心服口服的溝通四部曲：勇於提問，才能治標又治本……118

Chapter 5 進階攻心溝通篇

精準攻心的十六招溝通技巧

D型人 vs D型人：不成熟溝通法……122
I型人 vs D型人：正襟危坐溝通法……125
S型人 vs D型人：打草稿溝通法……129
C型人 vs D型人：倒三角溝通法……132
D型人 vs I型人：Body 溝通法……134
I型人 vs I型人：收斂聚焦溝通法……137
S型人 vs I型人：灌迷湯溝通法……140
C型人 vs I型人：圈套誘導溝通法……143

D型人vs S型人：深呼吸溝通法……147
I型人vs S型人：故事溝通法……150
S型人vs S型人：傾聽支持溝通法……153
C型人vs S型人：同理鼓勵溝通法……156
D型人vs C型人：化簡為繁溝通法……159
I型人vs C型人：打對折溝通法……162
S型人vs C型人：三句話溝通法……165
C型人vs C型人：T字整合溝通法……168

Chapter 6

人物專訪篇（依姓氏筆畫排序）

DISC實務運用與經驗分享

最大的敵人就是看不清自己的盲點×米其林一星大三元酒樓董事總經理……172
DISC是輔助你，而不是限制你，內化才能跳出框架×中國突擊聯盟總經理……174
善用DISC經營顧客，就像釀造美酒一樣×中國人壽區經理……176
輔導只是開始，行動才能幫助學生找到感動×績優中輟生輔導組長……178
DISC讓我管理更輕鬆，而不是越管越累×TVBS新聞部採訪中心副理……180
做一個更好的自己，就是給孩子最好的人生禮物×菲力兒童文教校務總監……182
沒有人是錯的，是照著自己個性在過活×坤哥交通器材董事長……184
人生有戲，戲如人生，瞭解自我，演出精彩人生×巴拿馬影展最佳女主角……186
對的事，就要跟著對的人堅持做下去×顧德文教執行長……188
識人好眼力，主持採訪更Easy×第六屆《女人我最大賞》藝人評審……190

附錄

DISC之29型特質全分析……192

各界好評聯手推薦

（依姓氏筆畫排序）

臺北科技大學校長 **王錫福**
金鐘獎廣播主持人暨 GAS 口語魅力培訓® 創辦人 **王介安**
超視《金頭腦》周冠軍之最強寫作職人 **王乾任**
縱橫公關集團創辦人暨首席策略官 **方中禮**
城邦媒體集團首席執行長 **何飛鵬**
米其林一星大三元酒樓董事總經理 **吳東璿**
前甲骨文台灣區董事總經理 **李紹唐**
美吾華・懷特・安克生技集團副董事長 **李伊俐**
中國最大綜合射擊場突擊聯盟總經理 **李玉萍**
小說教學網《故事革命》創辦人暨暢銷書作家 **李洛克**
上海依杰創意設計資深創藝總監 **侯傑**
中天新聞台主播 **林容安**
中華民國職工福利發展協會理事長 **林宸禾**
第52屆廣播金鐘獎得獎人 **林偉華**
世界和平婦女會台灣總會 秘書長 **林淑慧**
于賓醫美診所執行長 **林怡雯**
中國人壽三年A標區經理 **邱俊傑**
中華電信學院院長 **洪維國**

新北國中教師暨績優中輟生輔導組長 **洪秉浤**

巨匠電腦台中認證中心經理 **洪文彬**

十大傑出青年暨愛盲基金會研考室處長 **張捷**

坤哥交通器材董事長暨蒸天下總經理 **張貴月**

北京睿藝創聯教育科技共同創辦人 **張捷**

臺北科技大學 EMBA 校友會理事長 **陳秀嬪**

TVBS 新聞部採訪中心副理 **陳昭仁**

安捷國際酒店董事長 **陳品峯**

菲力兒童文教校務總監 **陳柏健**

第38屆金鐘獎《全民亂講》總編導 **陳柏澄**

巴拿馬影展最佳女主角 **程秀瑛**

企管名師黃金教練暨暢銷書作家 **黃經宙**

顧德文教執行長 **楊尹維**

全國中小企業總會創發中心營運長 **趙振福**

Super 教師獎暨暢銷書作家 **歐陽立中**

親子旅遊千萬部落客三小二鳥的幸福生活 **歐韋伶**

第六屆《女人我最大賞》評審藝人 **潘映竹**

三商美邦人壽處經理 **賴惠文**

台北捷運總經理 **顏邦傑**

序篇

十科大會考，依然找不到自我

每本書都是從一個小故事開始，一位高中生做了學校的生涯性向測驗，結果顯示傾向理工類組，他對這個結果感到滿意及踏實，他總告訴自己：「男子漢就要唸理工組，只有女孩子才會去念社會組。」一個多麼未經世事的想法，但誰沒有年輕過。

二話不說，他一腳踏進理工類組，唸的是理組數學、物理、化學，那刻起把自認為無聊的歷史和地理拋在腦後。但兩個月的暑輔課後，他卻轉向了三類組的懷抱，多念了生物一科，因為他發現物理、化學好難、好枯燥，生物有趣多了。兩年後大學聯考，他沒有因為做對了選擇，而考上一所像樣的大學，相反的，在錄取率逼近60％的年代，他名落孫山，走進了南陽街，開始他的第二度重考人生。

半年後這位學生做了一個重大的決定，重考中轉班去了他以前最不屑的社會組，重拾歷史與地理課本，拼死拼活了半年，一口氣考了國文、英文、社會組數學、理工組數學、歷史、地理、物理、化學、生物、公民。他常開玩笑的對同學說：「這就是傳說中的十科大會考」這學生也算是幸運，考上了淡江大學夜間部的公共行政系，兩年後又透過轉學考，進了文化大學動物科學系（過去稱畜產系），一連串的波折後，這學生在畢業時竟跌破眾人眼鏡，一口氣被七所大學的醫學生技類研究所錄取，就在家人覺得這個孩子終於有點希望，熬過研究所生涯，準備有份穩定的研究工作可以做時，他卻丟下一切說：「我不想走生技產業，想自己創業，做教育訓練。」

還好我不是這孩子的爹，不然實在很想掐死他！因為幸好，我就是這孩子。是的，從我高中對課本抱著痛不欲生，到念過法學院、農學院、醫學院之後，我依然找不到一個簡單的答案，「我到底要做甚麼好？」，換句話說，「為什麼沒有一樣是我做得又好又開心的事情？」

西方孔子蘇格拉底說：「認識自己，方能認識人生。」我以為我很瞭解我自己，但其實不然，因為哲學家尼采說：「離每個人最遠的，就是他自己。」真理無需明辯，但我不知道該怎麼做，才能靠近自己一點？直到我遇見了兩門課，其一便是 DISC 性格模式，讓我生平第一次這麼瞭解自己，並解開過去十多年的疑惑。

很多人看到這，會很疑惑的問：「溝通跟瞭解一個人的性格有什麼關係？」就直接進入溝通主題，好快點可以去對付那些難搞的人。其實這也是一些企業人資主管在課前常有的疑慮。為何要做 DISC 性格模式測驗？為什麼要先瞭解個性？直接教大家溝通技巧，不行嗎？

孫子曰：「凡用兵之法，全國為上，破國次之；全軍為上，破軍次之……。是故百戰百勝，非善之善者也；不戰而屈人之兵，善之善者也。」孫子兵法的核心概念就是，不靠兵戎相殺、不用血流成河，就能使敵軍屈服的人，才算得上最上乘的戰略家。

而有效的溝通心法就是盡可能不用強迫的方式，用對方「偏好又能接受」的方式去溝通，達到雙贏的目標。如何講出對方「偏好又能接受」的話，就是瞭解溝通對象的性格模式，推測出他們的想法及思維邏輯，才能「看對人、說對話。」

功能效率型的閱讀方式：依「目標導向」去閱讀此書

本書總共計六篇，分別是：

一、溝通魔咒篇：一個平凡小家庭打不破的祖傳魔咒

二、科學研究篇：DISC 歷史發展與全球第一里程碑

三、測驗分析篇：DISC 性格模式基礎綜合測驗及29型特質全解析

四、初階攻心溝通篇：立馬攻心的十六套溝通劇本

五、進階攻心溝通篇：精準攻心的十六招溝通技巧

六、人物專訪篇：DISC 實務運用與經驗分享

本書可以從第一頁的第一個字看起，也可以依照你的閱讀「目標」去閱讀所需的文章，當作是「工具書」來使用。以第一篇「溝通魔咒篇」與第二篇「科學研究篇」來說，著重在 DISC 的緣起及歷史演進，因此對於目標效能導向的讀者，可以先行省略，並直接進入其他章節，等有空時再回頭細讀。

目標效能導向閱讀者，可以先進入第三篇「測驗分析篇」，P.60 中有「DISC 基礎綜合測驗」之紙本及線上題目，可依照規則說明以自行施測，測完後再翻至 P.192 附件中的「DISC 之 29 型特質全分析」，便能找到與自己相對應的 DISC 組合類型。

而知道自己的 DISC 類型，或上過我 DISC 課程的讀者，可從目錄查找「初階攻心溝通篇：立馬攻心的十六套溝通劇本」中適合溝通對象 DISC 類型的溝通技巧文章。例如想與 D 型人溝通，可以從目錄中找到「讓 D 型人不生氣的溝通首部曲」，以學習初階的溝通策略及技巧。

一、溝通魔咒篇：一個平凡小家庭打不破的祖傳魔咒

首篇從自身家庭的溝通問題與障礙談起，會聊到一隻有四個名字的貓、DISC 四型基本描述、老公老婆是怎麼吵起來的，還有我怎麼被拿刀砍的故事，看完會瞭解 DISC 性格模式為何對於溝通及化解衝突會如此有效。

此篇較適合喜歡看故事的 I 型及 S 型人來閱讀，相對於想快點知道那些難搞對象性格的 D 型人來說，可略過此篇，先進入第三篇「測驗分析篇」，直接瞭解自己與溝通對象的 DISC 類型。

二、科學研究篇：DISC 歷史發展與全球第一里程碑

此篇著重在 DISC 性格模式的理論基礎，會談及神力女超人與 DISC 的淵源、歷史演進、研究背景、應用範圍、應用價值、里程碑及四大特性。除了 C 型人來說，科學研究篇的內容會顯得生硬許多，建議 D 型、I 型及 S 型人切莫輕易嘗試從此章節讀起，擔心你會太快放下書本去滑手機。相反的，對於 C 型人而言，首先閱讀此篇是相對合適的選擇，從中可以瞭解到 DISC 性格模式與溝通之間的連結性及實務上的應用性。

三、測驗分析篇：DISC 性格模式測驗與29型特質全解析

此篇以「DISC 基礎綜合測驗」及「29 型特質全解析」為主，簡言之就是 DISC 性格模式的「測驗題目」及「測驗答案」。無論 DISC 哪型人都可以依照測驗規則按部就班的進行測驗，並找到最適合自己的 DISC 組合類型，接著再前往「初階、進階溝通應用篇」去閱讀。

四、初階攻心溝通篇：立馬攻心的十六套溝通劇本

此篇給做完測驗，但沒接觸過 DISC 課程讀者的入門溝通技巧，將針對 DISC 四型人的性格與溝通偏好模式去發展的溝通技巧。內文除了電影、歷史故事外，所舉案例皆為真人真事，但情節及事件細節多已置換，如有雷同，純屬巧合。無論你是 DISC 哪一型人，

推測溝通對象的DISC類型後，便可透過目錄查詢出相對應的文章及頁數。

五、進階攻心溝通篇：精準攻心的十六招溝通技巧

此篇為上一篇「初階攻心溝通篇」的進階章節，以雙方DISC類型的排列組合去發展出十六種更為精準的溝通策略及技巧。無論DISC哪一型人，當瞭解自己及確定溝通對象的DISC類型時，便可透過目錄查詢出相對應的文章及頁數，其中內文的案例、故事及閱讀方式皆與第四篇一致。

六、人物專訪篇：DISC實務運用與經驗分享

最後一篇為集結多年學員運用DISC的實務經驗及心得，皆為各行各業的菁英或領導人，總共十篇，皆為筆者一對一訪談後的精華整理。

D型人可先挑選產業或工作類型與自己相近的篇幅來閱讀，以確認DISC在運用上的範疇與效果。I型人及S型人可隨時挑幾篇來閱讀，加深對DISC運用的瞭解與期望。C型人則可於閱讀完「科學研究篇」後，接著閱讀此篇，以驗證DISC在實際運用上的可靠性及可行性。

回想講授DISC的頭兩年，幾乎是「台上DISC、台下無事一身輕」，雖然學員還是經常捧腹大笑，但課程總是叫好不叫座。就一直在思考，是哪裡出了問題？是講的笑話

不夠好笑？模仿的不夠傳神？還是上台的經驗不足？回首一看，真是一點也不意外，因為過去的自己真的就像瓦釜雷鳴一樣，僅靠著花拳繡腿，搏得學員掌聲，但卻沒有講出 DISC 的「生命力」。

後來意識到教學的目標，「不在於獲得多少掌聲，而在於學員能不能學回去解決問題」，慢慢地體會到，再多的掌聲，都不如一句「老師，真得很有用耶！」我不斷將 DISC 實踐在生活及工作上，聊天用 DISC、寫影評用 DISC、領導管理用 DISC、課程規劃用 DISC、提案訪談用 DISC、教學活動設計也考慮 DISC，甚至連相親對象也要先分析一下 DISC。

所以常開玩笑地說：「我的職業病就是 DISC」，無論什麼事情，都先用 DISC 的角度去分析一下，我的課程也逐漸獲得更多人的共鳴與好評，不再只是背笑話、講故事，而是用實踐去豐富 DISC 的「生命力」。我的家庭關係與人生靠著 DISC 一步步的翻轉，因此希望這本書能帶給你收穫與幫助，因為「愛情往往從一個眼神開始，大樹必然從一顆種子長起。」

溝通魔咒篇

一個平凡小家庭打不破的祖傳魔咒

不是喜歡廝殺彼此，原來是一家「猛禽院子」

一個平凡無奇的小家庭，四個人與一條狗。幾乎三天兩頭的溝通劇情，都沒什麼太大的變化。媽媽火力全開的對著小弟罵：「花那麼多錢念私立，考這麼爛的成績，我不求前幾名，現在連畢業都有問題，老師打來說，都在打瞌睡！你是要不要讀啊！你不靠讀書，以後拿什麼養自己？拿什麼養老婆和小孩？你看現在什麼都要錢……」

爸爸雖不是主力砲火，但零星的火力支援也是對著小弟念：「我們家沒有錢，沒什麼背景，也沒有家產，我退休金可是沒有多少喔！你不讀書，以後要去做工嗎？你那個身體，能做工嗎！連上課都打瞌睡，做工你受得了嗎！你喔……」

我這個當哥哥的也趁機補他幾刀地說：「啊他撿角了啦！沒用了啦！我看國中唸一念就算了！隨便他啦！轉公立的就好，反正都是浪費錢……」

脾氣暴躁的小弟毫不客氣的反擊：「對啦！我就笨啦！隨便你們啦！而且哥哥還不是重考！隨便都有工作可以做，是你們一直要逼我讀的，我又沒說一定要讀私立，又不

是只有讀書才有前途，很多老闆也沒什麼學歷，你看那個誰……」

我的家庭不是真可愛，是真可怕。我家的溝通劇情就是，「我媽罵我弟、我爸罵我弟、我也罵我弟、然後我弟罵我媽、我弟罵我爸、我弟也罵我，接著我爸怪我媽、我媽念我爸，最後我爸就罵我跟那條狗。」

甚至兩兄弟是三句不離髒話，一講話就是對幹，旁人眼中看起來根本就是仇人，最後我爸的結論是：「這是祖傳的啦！」因為父執輩也是這樣，好像一句「祖傳的」，斷定這個家終究逃不過世代傳下來的魔咒，只能任由命運的巨輪，帶著全家走向已註定的結局。

就這樣持續了近十年，最嚴重時，搞到整個家曾一度瀕臨破碎。常言道時間可以解決一切，但事實上我們並沒有隨著年齡的成熟而減少衝突，只是都在忍耐而已。一言不和、擦槍走火的場面，時不時的發生，小弟不爽全家人，我不爽小弟和爸爸，爸爸則不爽媽媽和小弟，那時全家真的都認了這是「祖傳」的宿命。

直到我剛考上研究所的那年，輾轉間遇到了生命中最重要的老師，也是我的恩師：江緯辰老師。讓我學習了 DISC 性格模式，深刻瞭解了自己和家人的性格之後，心中那股不成熟的怨忿，才如同撥雲見日般地慢慢消散。

但現實就是現實，不會像哈利波特中妙麗的修好魔法般，轉瞬間修復哈利波特的眼鏡，或是被榮恩打破一地的碎玻璃。要建立好的關係，需要花好一段時間，但破壞只要一瞬間，而修復則需要花好幾倍的時間。

整整花了三年多的時間，從我開始學習DISC，到全家人都上過課。我和家人開始互相理解，願意停止這個惡性循環，逆轉了魔咒的巨輪。家人幾乎不再惡言相向，過去「這祖傳」的魔咒現在對我家已經起不了太大的作用，全家可以輕輕鬆鬆的一起吃飯聊天。別以為這是件再平凡不過的幸福，過去我家的飯桌就是格鬥桌，彼此的謾罵和爭吵，就是從那一盤菜、那一雙筷子開始。

我跟弟弟幾乎也沒再用髒話問候「彼此的母親」，我對爸爸的那道心防與厭惡也逐漸消逝。爸爸以前最常罵我們：「不肖子！」雖然現在依然把「不肖子」掛在嘴邊，不過現在是一種有溫度的招呼，而不是憤怒的發洩。

我不敢說我家從此幸福美滿、父慈子孝、兄友弟恭，因為那不是我們家的style，小爭執還是經常發生。但彼此都知道，原來我們不是不愛彼此，不是喜歡廝殺彼此，而是我們不了解一個事實，原來我們本是一家「猛禽院子」，就是之後會提的DISC性格模式中的D型人。如果一群猛禽關在同一個籠子裡那麼多年裡，能不互咬嗎？能不見血嗎？能不互相傷害嗎？你覺得如果一隻小白兔生在我家，還能留有活口嗎？

一隻有四個名字的貓，性格決定命運？

以前沒學過 DISC 性格模式，不懂人的衝突多半來自不同的看法。原來同一件事對每個人來說，都有不同的看法。就像半年前我家多了位成員，一隻弟弟在觀音山上撿到的流浪貓，因為頑皮常把食物搞得滿地都是，所以我媽都叫她「壞壞」。

本來骨瘦如材，不到三個月，貪吃到整個肚子都跑出來，所以弟弟就叫她「阿肥」。爸爸對家裡的狗啊、貓啊、鳥啊的名字不太在乎，所以直接叫她「貓咪」。

而我覺得牠剛來時，不怕生、愛黏人，又喜歡喵喵叫，加上是女生，所以我叫她「喵喵」。我在想她應該會精神錯亂吧！一隻貓有四個名字，而且重點是我家四個人，絕對不會因為其他人叫了順口就換個叫法，這就是大D型的家庭，猛禽類家庭：「堅持自我，永不妥協！」

瑞士心理學家卡爾．榮格（Carl Gustav Jung）說過：「性格決定命運」。這句話我沒有百分之百的贊同，也沒有絕對的反對，但親身經歷告訴我，性格影響一個人的層面之大是不容小覷的。榮格提出內傾和外傾的心理類型，並與思維、情感、感覺、直覺四種功能類型進行分類，將人的性格特徵定義為其中某一類型。

而維廉・馬斯頓（William Moulton）博士把人歸類為DISC四種傾向，即Dominance——支配、Inducement——誘導、Submission——順從，以及Compliance——順服，而DISC正是代表了這四個單詞的字首縮寫。無論哪一種學派，都是試圖透過性格分析，去瞭解一個人的展現，甚至可以說性格分析是「成功學」的始祖之一，因為社會學家及心理學家想瞭解人類成功的關鍵，究竟是否跟「特質及性格」有關係。

舉個簡單例子，郭台銘屬於D型人（支配型／獅子型），但事實上，難道D型人就一定能當老闆嗎？當然不是，臺灣有幾百萬個D型人，但老闆卻沒那麼多。我看過上萬份測驗報告，包括老闆、董事長、執行長、總經理、總監、協理、廠長、店長……，平均有七成中高階層以上的主管都傾向高D特質的人。

例如吳宗憲屬於I型人（影響型／海豚型），我們就能斬釘截鐵的說，I型人一定可以成為綜藝天王嗎？當然也不合邏輯，有高I型特質的人在全臺少說也有個幾百萬人，但不是每個I型人都能當綜藝天王。只能觀察到多數的綜藝節目主持人都要具備高I特質，像是菲哥、小燕姐、瓜哥，還有郜智源、郭子乾、小S等，基本上八成綜藝咖都會有高I型特質，不然不high誰要看。

為何談論一件事有不同的看法，要提到人格特質跟成功學？因為這是解開溝通與人際衝突根源的一種途徑。為何D型特質高的人，會較容易成為管理者或領導人，又為何綜藝咖幾乎都要具備高I型特質，是環境造就性格？還是天生性格將人引導到某些位子？

十多年的觀察，我歸納出一種比較合理的邏輯，就是「D型人不一定是領袖，但七成的領導管理者都具有高度D型特質。所以若你是D型人，選定目標、努力奮鬥，那就很容易成為領導管理者。」這只是其一的觀點，畢竟一個人的成功是很多因素累積而成。

似乎可以觀察到，性格影響人生軌跡的故事不斷重覆上演，好比賈伯斯是標準的高D型人，他不在乎是否畢業，只在乎是否能改變世界，不在乎是否有資金，只在乎要找誰來投資，不在乎頂尖工程師的去留，只在乎那完美的字型為何沒出現在手機裡。

當我研究越多成功者的DISC類型及成長背景後，就越能發現過去多年內心的迷惘的原因，清楚自己為何一直不斷轉換領域，瞭解自己為何如此努力做研究，卻總是差強人意。分析了許多DISC人物的成與敗後，發現人生不再是別人口中的標準答案，也不再是開放式的申論題，彷彿有了一條清晰的路徑和軌跡，我不確定未來會不會成功，但確定分享DISC是一件讓我「做的又好又開心」的事情。

瞭解DISC四型特質，就可以「知過去、測未來」

每次在DISC課程中，都會有一段「驗證時刻」，就是在沒有任何對話與互動的前提下，對學員的DISC測驗結果做分析。經常會讓學員大呼驚奇，因為可以在十秒內只看DISC數值，不看任何的測驗報告的情況下，把學員的個性、行事風格、溝通模式、生活習慣……講得好像「鐵口直斷」一樣。

很多時候，學員都會因為如此「神準」的解析，開始對DISC產生濃厚的興趣，甚至不少學員私下問過我：「老師，你是不是會看面相？」其實我幾乎不懂中國的面相學，但我懂的是「DISC三分鐘觀人術」。因為對DISC四型特質的熟悉，所以可以在短時間，透過外貌、眼神、感覺、聲音語調、肢體語言及衣服色系去推測一個人的DISC傾向。

我常跟學員說：「這不難的，只要教你一次後，在多看、多聽、多練習，也可以跟我一樣精準看透他人。」我很喜歡電影《2:22》中提到的「凡事都有pattern」。當我把DISC

越練越熟悉後，便能看見他人過去的習慣，並預測其日後的行為，但前提是要先熟悉 DISC 四型的基礎特質。接著就先簡單敘述 DISC 四型人的基本特質與行為，好讓大家有個基本的 DISC 輪廓，之後第三篇「測驗分析篇」中的 P.65 將有更完整的 DISC 四型特質解析。

D型人・Dominance・支配型

第一個行為特徵是「行動力強」：D型人做事不拖泥帶水，也不婆婆媽媽，所以動作快速、說話急促、不囉嗦的人，大概就是屬於D型人。許多企業家及老闆都屬於典型的D型人，因為公司企業需要不斷的賺錢，不斷的開發新客源、不斷的創新，否則公司會面臨虧損的危機。也因為D型擁有強烈的行動力，能看見許多商機、創造最大利潤，所以D型人也可稱作是「企業家型」。

第二項行為特徵就是「掌控欲較強」：凡事都想在自己的掌控當中，通常D型男朋友、老公打電話給另一半會經常問：「你在哪裡？在做什麼？跟誰去？幾個人？男的女的？什麼關係？幾點回來？」嚴重者每隔一個小時，就會忍不住打過去，好掌控另一半的行蹤。但自己跟麻吉弟兄去唱歌喝酒、通宵達旦卻沒關係，很容易會被人貼上「只准州官放火、不准百姓點燈」的標籤。

第三個性格特徵就是「脾氣較差」：俗稱暴君的大D型主管，當脾氣一來時，會毫不留情的把文件丟在屬下桌上並質問：「做什麼東西啊！能用嗎？這個呢？那個呢？你哪一點做好的？這麼簡單的東西都弄不好！公司付錢叫你來混的嗎？」完全不問原因就劈頭把人罵的狗血淋頭，就好像秦始皇、武則天一樣，行徑令人髮指，但領導者有時是需要這樣的氣魄，才能推動組織往目標邁進。

I型人・Influence・影響型

第一個行為特徵是「表達力強」：表達力可是I型人在社會上拿手強項。一部原本不怎麼樣的電影，只要被I型人講完，你就會很想去看。一件本來感覺還好的衣服，因為I型人的天花亂墜就買下手。一家本來還可以的餐廳，被I型人講完，甘願花一個小時開車去吃，吃完後才驚覺上當。I型人天生能言善道，在他們兩片嘴皮子底下，垃圾也能變黃金，所以I型人也被稱為「外交家型」。

第二個性格特徵是「交友廣闊」：I型人的朋友之多可能會讓你相當驚訝，無論是早餐店的老闆、公車上的司機、還是餐廳工讀生妹妹，很常會誤以為他們跟這些人很熟。對他們來說，有聊過天就已經是朋友了，I型人很容易對人熱情，常東拉西扯的聊天，朋友圈可以說是「上至達官貴族、下至販夫走卒、橫跨三教九流、通殺五湖四海。」

第三個性格特徵是「容易情緒化」：I型人經常是看心情在過日子的。心情好時，就像喝了蜂蜜檸檬水一樣，一下姐姐、妳今天穿的跟林志玲一樣漂亮，那邊妹妹、你今天髮型跟蔡依林一樣好看，等一下又哥哥、你今天真是帥的勒！那天工作績效可是一級棒，但要是心情不好，你會覺得好像烏雲罩頂、印堂發黑、臉色憂鬱、難過悲傷、哀傷沮喪，一整天都無神無神，輕者哀聲嘆氣，重者無心工作。

S型人・Steady・穩定型

第一個行為特徵是「喜好助人」：S型人的心腸是用棉花做的，又柔軟又潔白。看到大水災就要流下眼淚，聽到大地震就馬上捐款，能發揮人性光輝面的事，他們都願意盡心盡力的付出。慈善團體、志工行列最常看到S型人的蹤跡，而且S型人會主動照顧別人的需要，但卻忽略了自己的需求，因此S型人又可稱為「慈善家型」。

第二個性格特徵是「溫和有禮貌」：S型人給人第一眼的感覺，是個好人或人很溫和，俗稱的好好先生、好好太太。個性溫和讓人感覺沒有侵略的壓力，也是最遵守禮節運動的一份子。最常聽到他們說：「請、謝謝、對不起」，還有「不好意思」、「麻煩了」等禮貌用語。有時你會發現，S型人比客服還像客服，你不說還以為他們是服務生哩。

第三個性格特徵是「主觀意識薄弱」：如果你跟S型人出去吃飯，容易聽到他們說：「看你、都好、隨便、都行、你決定」的回答。他們真的不是假仙，而是真的不囉嗦又好配合的好咖。另外，S型人往往會被誤會是沒有想法的一群人，像是開會時問S型人，這次專案有沒有什麼想法？S型人：「嗯！我沒有什麼意見，都可以，你們決定就好」，其實他們是不喜歡衝突，縱使不是很滿意，但一句「沒關係」也就過去了。

C型人・Caution・謹慎型

第一個性格特質是「具研究精神」：C型人天性容易懷疑，不輕易相信他人，秉持著眼見為憑的信念看待每件事情。聽說來的事都算是東風吹馬耳、西風貫驢耳，唯有確實的數據、精確的圖表、正確的報告，才能讓C型相信你的說法。因為這樣的特質讓C型人極具研究精神，要自己看見，找出證據才會相信，而科學家就有這股追求真相到底的精神，就像小時候看的「十萬個為什麼？」一樣，因此C型人又可稱為「科學家型」。

第二個行為特徵是「謹慎小心」：三思而後行是典型C型人的行事風格，他們最不喜歡魯莽行事，也不輕易的做出決定，習慣注意事情的細節，謹慎的個性讓他們對事情的品質相當要求。一份結案報告經常需要重寫五、六次才覺得滿意，資料幾乎要檢查到一個錯字都沒有才會交出去。而小心的特質也讓他們有著強烈的風險管理意識，他們小心控制每月的支出花費、投資及儲蓄組合，好確保自己的經濟狀況能無後顧之憂。

第三個行為特徵是「容易語帶批評」：C型人做事有系統、講程序、求完美，但對於人際互動方面可說是有待加強。C型人講話會不經意的語帶批評，因為他們自我要求的標準特別的高，所以很多做法在他們眼中都是漏洞百出。吃個飯可以挑飯太硬、挑湯太鹹、挑菜太少，穿衣服可以挑剔顏色不搭、款式太舊，看報告可以挑剔字沒對齊、符號不一致。無論是人事物在C型人眼中都可以挑剔，雖說挑剔是為了追求完美，但挑剔的話講多了，對於人際互動方面是會有影響的。

溝通不先看個性，很容易出人命

當我們懂對方個性後，還需要清楚 DISC 性格模式跟溝通衝突有何關聯？我常問學員，衝突會不會有「SOP 標準作業流程」？大多數人都會覺得吵架怎麼會有 SOP，要是溝通衝突有 SOP，那還吵得起來嗎？來看一下吵架的基本步驟：

步驟❶ 雙方各自擁有不同的意見，且難以取得共識。

步驟❷ 對方不認同我的意見，我也不認同他的意見。

步驟❸ 我覺得我講得有道理，對方也覺得自己的想法有道理，但他覺得我根本是在強詞奪理，所以認為我的意見是錯的。

步驟❹ 我才覺得他講的是歪理，而且我沒說他錯，竟然先說我的想法根本有問題。

步驟❺ 我開始覺得不爽，情緒很不穩定，本想忍耐過去，但他竟然先攻擊我，所以當然不甘示弱的反擊回去，說他自己也是一堆問題。

步驟❻ 兩個人一言不合開始批評對方過去的錯誤和問題，以證明對方是錯的，自己是對的。

步驟❼除了指責外，我們開始互揭瘡疤，攻擊個人性格上的缺點，而不再討論原本的主題。如果每個人在吵架時，都可以遵循這套SOP來吵，那立法院應該就不再像立法院，會議室也不再像會議室，而是禱告室，因為衝突都是「臨時起意」。

瞭解上述基本的吵架步驟外，其實可以觀察出一種常見的「吵架SOP」，以下就來看看有沒有符合過去的吵架經驗，或是看跟誰目前正吵到這個SOP中的哪個階段？

一、發現對方想法或行為不如心中預期

譬如說老婆發現老公都經常從中間開始擠牙膏，媽媽看到小孩書都沒念好，主管發現部屬文件老出錯，男友認為女友是月光一族……，以下先以夫妻相處來看這個吵架SOP。

二、好心指正並期望對方有所改變

老婆發現老公都從中間開始擠牙膏，就告訴老公，牙膏應該從後面開始擠，從中間擠很難看。襪子不要直接丟洗衣機，要分開洗，不然很髒。馬桶蓋上的尿漬，要隨手擦掉，不然很臭。出門前要隨手關電風扇和燈，不然開一整天很浪費。買水果前要先檢查，不然都買到快熟的，一下就壞了……。

三、被指正方感受挫折且沒有改變

老公左耳進，右耳出，有時記得，有時忘記，幾十年的習慣怎可能一朝一夕全改了。老婆每看一次，就提醒一次，好意提醒最後變成嘮叨，一次次的提醒，聽在老公的耳裡，不是呢喃細語，而是陣陣刺耳的指責，內心盡是挫折，挫折生不滿，不滿生怨氣，怨氣成怨氣。

四、雙方皆不滿彼此

老婆心中滿是委屈，好心提醒，為的是這個家，好意指正，為的是要你好，要是咱倆不同住一屋簷，還管你那懶散的個性，早放給你爛去了。而且家你也有一半，就不能為我想想，出一點心嗎？好像一個家，都得我一個人扛似的，我也不是沒工作啊！

老公心中也滿是怨氣，就工作很累，每天應付那些客戶就累得要命，主管也機車，回來就不用再管這些小事情，讓我放鬆休息一下，不行嗎？你也不要每一件事情都那麼認真嘛！就放著假日再弄就好了，那些都沒關係的，你也很累，不是嗎？事情又不會跑掉，放著沒人會跟你搶啦！

五、雙方溝通無效，開始心生怨懟

不要說這夫妻沒在溝通，其實上，剛剛講出來的話，就已經是在溝通了，只是情緒來了，理智就沒了。經過數次的無效溝通後，雙方會開始試著忍耐，老婆少唸一點，然後事情撿著自己做，而老公也試著多做一點，但內心依然是心不甘情不願。短暫的忍耐，積壓成日後的不定時炸彈。

六、累積怨懟、衝突一觸即發

忍得了一時，忍不了一世，當初的山盟海誓，如今卻成為最殘酷的考驗，當初至死不渝的愛情，如今眼前的柴米油鹽醬醋茶，卻成為最大的考題。晚上吃什麼？假日去哪玩？錢要誰來管？小孩誰來帶？爸媽誰來顧？車要買哪款？房要買哪間？晚飯誰來煮？碗盤誰來洗？衣服誰來曬？廁所誰來掃？每一道題都可以大題小作，但個性不合，每一題都容易小題大作。

七、消極接受或勞燕分飛

常聽到老夫老妻感嘆一句話：「那就是他的個性」。會感嘆是因為這句話並不是真的理解對方的個性，而是講了很多次，溝通了很多次了，發現都沒有用，但婚都已經結了好幾年，加上都有了小孩，最後只好消極的自我解讀「那就是他的個性」。事實上對另一半的個性及行為是無法接受的，過去的爭吵也沒有辦法釋懷，只是假裝自己接受，嚴重的就是分手、分居、離婚、勞燕分飛、老死不相往來。

有沒有發現問題的根源，就是最初的第一步「發現對方想法或行為不如心中預期」，而瞭解想法與行為的不同就是透過 DISC 去掌握對方的性格，如果有上過 DISC 的朋友，上述講的案例是哪兩種 DISC 類型的夫妻組合呢？

雖然沒把 DISC 描述出來，但推敲一下就知道老公是傾向 Id 型，老婆則是 Cd 型。所以學習 DISC 可以很快去理解他人的想法及行為，在衝突發生之前，降低負面情緒，並知道該如何與對方有效的溝通。

別再假借溝通之名，行說服之實

我長年的授課經驗告訴我，九成人對於學習溝通這件事，包括閱讀、上網爬文、花時間聽演講、付錢上課程的終極目標往往是，看怎麼學一些技巧和話術，好來說服那冥頑不靈的老公、霸道強勢的老闆、我執超深的同事、機車難搞的客戶，還有講都講不動的小孩。我承認當初也是抱持這種心態在學習溝通，不管國內還是國外，坊間談溝通的書籍至少超過百本，若算上人際關係、業務溝通、顧客溝通、談判溝通、領導溝通等，超過五百本應該是有的。但為什麼使用書上教的方法，都沒有很大的成效，且經常打回原型呢？

慢慢將DISC從認知延伸到溝通、業務、客服、領導、團隊等溝通課程，並在職場與家庭中不斷實驗後，體悟到一件事，就是我們都忘了「溝通」這兩個字最初的定義是「溝通是傳遞訊息、交換意見，建立共同性的一種過程。」而說服的定義是「透過提供訊息與意見，導致對方態度的轉變。」溝通是一種是「過程」，但我們卻只想要透過說服讓對方「改變」。

我不喜歡在定義上打轉，更偏好看人們真實的反應。「你喜歡被說服的舉手？」這是每次上溝通課必問的問題，直到現在幾乎99％的人都不會舉手，而舉手的那百分之一，我會再問他們：「為什麼你喜歡被說服？」得到的答案，至今回答的人幾乎都面露奸笑說：「這樣我就可以打槍他！」

結果你會發現，終究沒有人是喜歡被說服的，因為被說服就等於是被人強迫。很多人學溝通，為何總是學不好，主因之一是：「你老想說服別人」，都忘了溝通的定義是：「透過交換彼此的訊息及想法，設法達到雙方共識」，而不是假借溝通之名，行說服之實。

想起我人生第一次自助旅行選擇去泰國曼谷時，不少人跟我說，泰國很落後喔，要我不要去。有人跟我說泰國交通很不方便，要我去其它國家。也有人跟我說去泰國就一定要玩水，你十一月去真的沒什麼好玩的。還有我媽很緊張的跟我說，泰國治安很差，不是上個月才發生炸彈攻擊，叫我換個地方。

你覺得我最後去了嗎？當然是去了，因為我是個「反骨」的人，你越說不要、越說不好，我越要親自去體驗看看，是不是如你所說的那樣不好。回國後那些人抱著看好戲的心情問我，怎樣？是不是很落後？交通是不是很不方便？那邊治安是不是很差？是不是十一月沒有什麼東西可以玩。

我拿出手機，口若懸河的分享人生第一趟自助旅行。從泰國最大佛像的「臥佛寺」到全世界最大黃金佛像的「金佛寺」。從世界地標主題購物中心 Terminal 21 到飽覽曼谷夜景的五十五樓的 Sky Bar。從坐渡船可到的「Asiatique 河濱碼頭夜市」到夜遊河上賞螢火蟲。從買到手軟的 Big C 到走到腿斷的全世界最大觀光市集「Chatuchak 洽圖洽」……。

四天三夜的行程，全程二十三個景點、每天走超過十二小時、超過 2,100 張照片、重達 25 公斤的戰利品。只要我分享過的人，幾乎全都想再遊一次泰國。隔年我帶著全家人，回到曼谷舊地重遊，玩了四天三夜，還是沒把曼谷玩遍。

「溝通」是你把自己覺得好的事情講出來，對方把自己覺得好的事情說出來，然後來看看怎樣「結合或組合」會比較好，絕不是一味只想對方接受你的想法。每次當部屬做不好工作時，主管都會怎麼做？企圖用某些好處說服部屬，當小孩書念不好時，爸媽都會怎麼做？企圖威逼利誘說服小孩。

如果說服是一個快速有效的溝通方法，那我會盡可能去研究和講授說服技巧十八招。然而真相是，人都不喜歡被說服，但很容易被自己的喜好影響，下次當你想要試圖說服別人時，先想想自己喜歡被說服嗎？還有溝通的定義是什麼？

打到進急診，拿刀砍對方，還有救嗎？

當我們越瞭解每一個人有不同想法與看法時，就越不容易有那種想強迫對方接受的態度，因為每個人都有自己的性格與價值觀。DISC性格模式便有這種實質的功能，學習上很快速也很具體，不會有太抽象的概念，或是艱澀的詞彙。我最小的學生大概在國小四年級左右，而最長的學員則超過七十歲，在進入比較理論的科學研究篇前，跟大家分享DISC如何化解「祖傳魔咒」的故事。

親兄弟明算帳，就是當利益擺眼前時，都要把帳算得清清楚楚，誰都不願意吃虧，甚至最後還鬧到撕破臉的僵局。但我跟小弟從小學到高中，完全沒有利益衝突的問題，但還是可以吵到反目成仇，俗話說，仇人見面分外眼紅，就是我兄弟倆的縮影。

小學時，為了搶童書就把幼稚園小弟的耳朵打到立刻送去急診室縫了九針，當然之後被爸媽狠狠揍了一頓。到了國中，我弟讀了小學，常也為了搶電視，就從吵架變成打架，力氣上我還是常常把他打到哭，然後再被爸媽打一頓。到了上高中，我弟唸國中時，正是我們打的最凶的時期，他剛烈的性格已經慢慢成形，最嚴重的一次，我弟衝進廚房拿菜刀要砍我，手無寸鐵的情況下，只好膽小的躲進房間，把門鎖起來，我弟就拿著菜刀猛砍房門，結果我媽一回家就大罵我們：「房子剛買沒多久，門給我砍成這樣！」

手足偶爾吵個架，打個小架都算正常；但吵到拿刀砍，大概已經可以上個地方新聞了。我跟我弟會吵成這樣，最主要的原因還是性格，在家裡我是屬於Di型，而我弟是大D型。要知道D型人的天性具競爭性，喜歡比賽或是競賽。而驅使D型人慣性競爭的性格特質，就是好勝心過強。就D型小孩來說，只要是想要的東西都習慣用搶的，所以我跟我弟從小就喜歡搶玩具、搶漫畫、搶電視、搶電動。加上好勝心強，誰也不讓誰，搶的過程就一定會吵，越吵越兇，最後是動手動腳。就好比兩隻老虎被關在同一個籠子裡，只給一塊肉，那就鐵定上演一齣你咬我、我咬你的戲碼。

每次我媽都唸我說，你做大哥，凡事要多讓弟弟一點，然後跟我弟說，你偶爾也要讓一下哥哥，不能什麼都要哥哥讓你。其實這些道理我們都知道，但吵的當下，D型人的腦袋裡，「贏」這件事比什麼都重要，什麼兄友弟恭、什麼孔融讓梨的大道理全丟到垃圾桶裡，只剩下怒氣跟要贏的念頭。

如果你家有兩個以上的孩子，又都具有高D型特質，就可以理解為何兄弟倆、姐弟倆可以三天一小吵、五天一大吵。而且也不要以為今天你讓他們互相道歉，讓他們相親相愛，他們以後就不會再吵了。也不用期待，當下握手言和，也原諒了對方，就可以化解所有的恩怨情仇。其實對於D型的孩子是不太可能的，因為行為是個性的反射。

手足間相互競爭爸媽的愛和關心是正常的，本來每個人都是希望獲得別人的肯定和關心。在公司也希望上司主管能肯定自己的努力，在學校希望老師能肯定自己的成績和表現，甚至在家裡，媽媽希望老公和孩子能肯定跟感謝自己的付出，而爸爸也是希望能得到老婆和孩子感謝、肯定在外辛苦賺錢養這個家。誰都希望自己的努力和表現能被別人看見，更希望能被賞識和稱讚，更何況是爸媽的關懷和讚揚。

所以當孩子都具有高D型特質，就更容易會發生這種負面競爭的問題。假若兩個孩子，一個是高D型，另一個是高I型，就只是吵吵架、拌拌嘴，不容易演變成太大的衝突，因為高D型會壓制住高I型，而且高I型的小孩天生樂觀，搶輸哭完後，就自己去旁邊玩，而且睡一覺之後就忘記搶輸的事。

當一個是高D型，另一個是高S型時，也不太會有衝突發生，因為高S型孩子完全是被高D型孩子壓著打，也可以說是高S型孩子就是典型的孔融讓梨，也不太會跟其他人競爭，所以互打起來是不容易發生的。而一個是高D型，另一個是高C型，不至於動手打架，但較容易發生冷言冷語的言語衝突，因為高D型的孩子在言語上不容易吵贏高C型孩子，而高C型孩子又是理性派的代表，所以至多是在言語上的鬥嘴和不相讓。反觀我跟弟弟都屬於高D型特質，就是直接反應，一言不合就開打，看到想要的東西就直接用搶的，沒有年齡、身分、場合的限制。

不要覺得D型小孩就是有暴力傾向、脾氣差，就是會打架的壞孩子。我不否認這些都是D型人的負面特質，但只要瞭解性格特質皆有「正負兩面」的表現，就好比競爭性的正面表現會是「贏得賽跑競賽」，而負面表現則是「打架贏別人」，所以透過學習DISC可以幫助導正一個人在性格上的缺點。

就像後來我瞭解自己和弟弟都是高D型的特質後，就開始收斂我的脾氣。慢慢發現自己常常是那個出言不遜的挑釁者，常常用那種不好的態度去對待我弟，所以他也用更不好的口氣對我，這樣一來一往，最後就演變成流血事件。新聞上，不是也很多父子、親兄弟一言不合或喝酒後，砍殺對方的社會事件嗎？一言不合、酒精發作、失去理智都只是導火線，本身性格才是真正的原因。

還好我學習了DISC性格模式，讓我瞭解自己與弟弟的性格學習了DISC後，讓我們彼此都瞭解對方的D型性格，破除了「祖傳」的魔咒，更懂得互相幫助。不要怪家裡孩子為何總是打鬧不停，不要一看見吵架就用罵來制止，因為這樣是無法解決問題，只是將問題壓抑下來。D型的孩子還是不知道為何自己會這麼容易起衝突，透過學習瞭解自己和他人的性格模式，才能看清自己的盲點，自發性的改變和調整。

無法進入對方腦袋去理解對方的個性與想法，誤解了對方的表達的意思、方式或態度，便會引發很大的溝通衝突，我們需要在溝通之前先想辦法快速進入對方腦袋，以清楚對方的思維邏輯，我常說：「包容不是因為忍耐，而是因為真實的理解。」

科學研究篇

DISC歷史發展與全球第一里程碑

擁有DISC血液的神力女超人

第一篇從自身的經驗，讓更多人知道DISC性格模式改變了我與家人的關係，也改變了我的人生軌跡，所以致力推廣DISC超過十年有餘。DISC歷經九十年沒被市場淘汰，且日益發展成形，必有其道理，此篇透過DISC的歷史發展、里程碑、四項特性、運用範圍，讓大家更清楚DISC的專業性與實用性。然此篇以基礎理論為重，高D型及高I型的讀者，可以選擇先進入第三篇「測驗分析篇」，進行DISC測驗，是不影響閱讀連貫性的。

自古以來，瞭解一個人的個性及行為表現有非常多的方式及工具，東方有姓名學、面相學、手相學……，西方有星座、血型、生命靈數……，而近代性格心理學從十九世紀末由心理學鼻祖卡爾・榮格（Carl Gustav Jung）開始，逐漸延伸出許多心理分類理論、分析及測驗工具。

在踏進企業人才發展領域的十多年中，也接觸過許多性格分析及測驗工具，發現能

以最快速、最簡單且最容易學習的性格分析系統，便是「DISC 性格模式」，其原型理論創始人為威廉・莫爾頓・馬斯頓（William Moulton Marston）博士。馬斯頓博士，為美國哈佛大學文學學士、法學及心理學博士，曾任美國大學及塔夫茲大學心理學教授。

馬斯頓博士還醉心於測謊研究，是將收縮壓與測謊連結在一起的首創者，也成為後來現代測謊機發明者 John Augustus Larson 的重要參考，因而被譽為美國「測謊儀之父」。而馬斯頓博士這兩年被大量關注，並不因為過去的研究，而是因為「神力女超人」。

每次課堂上講到這段歷史時，大家都突然瞪大眼睛，跟我第一次知道時一樣，其實早年前知道這段歷史時，神力女超人在全球熱度遠遠不如超人、蝙蝠俠，直到《蝙蝠俠對超人：正義曙光》中強勢登場後，突然一夕間成了全球媒體追逐的新寵兒，而馬斯頓博士便是 1941 年「神力女超人」漫畫的原創者。

與超人、蝙蝠俠合稱 DC 三巨頭的神力女超人，是馬斯頓博士融合 DISC 性格模式、對情慾的觀點及女權主義而成的超級英雄角色，除了《神力女超人》外，有興趣可去觀賞接著拍攝的《神力女超人的秘密》這部電影，片中描述馬斯頓博士個人與兩位妻子的愛情故事，及如何創造神力女超人一角的心路歷程。

神力女超人是如何擁有 DISC 的血液，她被設定為一位亞馬遜公主，DC 漫畫中的亞馬遜並非現實世界我們所熟知的亞馬遜，而是一群只有女性且驍勇善戰的民族，神力女超人便是公主——黛安娜。

故事在二次世界大戰時，美國空軍史提夫因誤闖天堂島，被黛安娜公主發現，以亞馬遜族來說，這個男人是必須被處死的，但黛安娜的好奇心及善良，力保史提夫並將他送回到現代城市。離開前，奧林帕斯諸神送她兩項神器，就是大家所知的「真言套索」和「守護銀鐲」。

凡被「真言套索」套住的人只能說實話，這代表兩種隱喻，一是 DISC 中的 Inducement——誘導，不透過強迫的方式，用套索讓對方自然說出真話，另一個則是 DISC 中的 Compliance——順服，因為被套中就不得不說出真話，而有 C 型特質的人，也有著實話實說，不喜欺瞞或浮誇的性格。

回到城市後，黛安娜和史帝夫有了感情，得到母后和族人認同，決定和史帝夫居住在人類社會，並以「神力女超人」之名保護人們，這是 DISC 中的 Submission——順從，S 型人擁有著順從、善良待人與同理心等特質。

神力女超人天生神力，DC 漫畫世界中，她的力量可以匹敵超人、沙讚和女超人，且擁有亞馬遜族的血液，自小就訓練出高超的格鬥戰技，這便是 DISC 中的 Dominance——支配，D 型人天生勇氣十足、膽識過人，並具有領導能力等特質。

但當時美國民眾並不知道什麼是 DISC，只知道神力女超人在全美掀起一股熱潮，三十年後，慢慢進入管理及資訊時代，企業開始著重人才發展，DISC 才漸漸的被重新發掘、改良，並運用在學術教育界及企業經營管理上，我想這是馬斯頓博士當初始料未及的演變。

DISC之父：威廉．馬斯頓博士

回到1928年，馬斯頓博士一開始專注研究對於精神病患者或精神失常人群的情緒反應，但他希望能將此研究擴大至心理健康的普通人群上，因此在著作「常人之情緒 Emotions of Normal People 中，採用雙軸模型去定義出四種象限的情緒反應，即 Dominance——支配，Inducement——誘導，Submission——順從，以及 Compliance——順服，而 DISC 正是代表了這四個單詞的字首縮寫。

或許在此有許多讀者開始感到有些困惑，為何馬斯頓博士的 DISC 的中英文名詞代表與現今常見的 DISC 有所差異。馬斯頓博士於 1928 年提出的 DISC 是原型解釋，在經歷了近百年的發展與改良後，逐漸延伸出許多更加貼近人類行為模式的詞彙，以便更加精準的去描述性格模式、個人特質、行為表現、思維邏輯、情緒反應……等面向，其中除了C型特質的詮釋差異較大外，其他三型幾乎 90 % 是相同的意涵。

Dominance | 支配型

Steady | 穩健型

Influence | 影響型

Cautious| 謹慎型

2019 年

蔡緯昱

DISC 四型代表

描述及研究之範圍

- 一般人性格特徵
- 一般人行為表現
- 一般人思維邏輯
- 工作傾向屬性與類型
- 溝通傾向行為及特質
- 管理傾向行為及特質
- 青少年傾向行為及特質
- 兩性關係傾向行為及特質

應用之範圍

- 員工招募與徵選測評
- 人才升遷與徵選測評
- 六大類培訓課程
（溝通、領導、團隊、銷售、客服、招募）
- 學生職涯發展與規劃
- 青年職涯發展與規劃
- 兩性關係與溝通

馬斯頓博士、現今及筆者於 DISC 詮釋及研究、應用範圍之比較表

1928 年 馬斯頓博士 DISC 原型代表	2019 年 一般常見 DISC 四型代表
Dominance｜支配 Inducement｜誘導 Submission｜順服 Compliance｜順從	Dominance｜支配 Dominate｜支配 Director｜指揮 Influence｜影響 Interpersonal｜人際 Interact｜互動 Submission｜順服 Stable｜穩定 Steadiness｜穩健 Steady｜穩健 Support｜支援 Compliance｜順從 Cautious｜謹慎 Compact｜嚴謹 Corrector｜校正 Conscientiousness｜自律
描述及研究之範圍 ● 運動神經元刺激 ● 成人情緒反應 ● 孩童情緒反應 ● 特殊情感情緒反應 ● 正常人之性格特徵	**描述及研究之範圍** ● 一般人性格特徵 ● 一般人行為表現 ● 一般人思維邏輯 ● 工作偏好屬性與類型 ● 溝通偏好行為及特質 ● 管理偏好行為及特質
應用之範圍 ● 科學論文研究 ● 漫畫創作《神力女超人》	**應用之範圍** ● 員工招募與徵選測評 ● 人才升遷與徵選測評 ● 溝通協調課程 ● 領導管理課程 ● 團隊共識課程

選擇用DISC去理解「人」的三大理由

其實早在接觸 DISC 的前三年，一直不斷地考驗這個系統，因為生醫研究單位背景出身的我，講求的不是感覺、不是個人喜好、不是新奇有趣、更不是第一眼印象，而是真實的數據、多樣化的分析與比較，甚至需要不斷找尋可替代的可能性，所以盡可能的接觸各式各樣的性格分析系統與測驗。無論是類神祕學或是現代性格科學，發現在準確度上，其實不分伯仲、各有各長處，然而最後決定選擇 DISC 作為長期授課、輔導應用與深入鑽研的因素有三：

一、DISC 的歷史考驗

DISC 從馬斯頓博士創立至今，經歷了九十年的時空考驗，目前已被發展成全球最廣泛的性格模式測評工具，累積超過 133 個國家、5,000 萬人次進行過各類型的 DISC 測驗。在出版業上，與 DISC 相關之溝通、管理書籍也超過三十本，其中台灣前三大出版社也出過相關之書籍。企管教育訓練界上，全美前五百大企業有超過 75％都採用過 DISC 來進行相關人才訓練或管理。在台灣亦是如此，前五百大企業也超過 60％曾進行 DISC 相關的教育訓練，足以顯示 DISC 在經歷產業界嚴苛的考驗後，仍是一項歷久不衰的性格分析系統。

二、DISC 的學習效率

無論哪種企管系統或工具，企業及人資都很重視學習效率，因為企業花在培訓上的時間、金錢與人員都是成本。企業不像學校，例如大學一門三學分的必修課，一學期要上五十四個小時，但企業營運要求效率，經常期望一至兩天，就能有一定的學習效果。如果一項企管系統或工具需要花很多時間去學習，那肯定會影響效率，若系統工具顯得複雜，也會影響學習效率，無法實際且快速增加工作效率的課程，企業是不會叫員工去浪費時間進修學習的。

而 DISC 的四象限分類法，在學習記憶上不會顯得太過複雜，若是分成六至八類型，那對於一般人的學習障礙會更高些，企業管理的目標之一便是期望用更少的資源，包括金錢、人力、物力、時間，去完成更多的工作及目標，而簡單的 DISC 系統，剛好相當適合企業採用。

再者是容易記憶，DISC 四種類型特質相當容易記憶，而且不容易產生混淆，基本上短則三十分鐘就能學習到基礎的分類能力，而提升至七成左右的判別能力也僅需要一天的時間，因此在企業或個人使用上是相當容易上手及傳遞的。

三、DISC 的應用價值

最後一點是應用性，許多性格分析系統或工具，都有著不凡的精準度表現，然而若僅是分析的精準度表現，那在企業或個人的使用上也會有所限制，畢竟大多數的人都不是人資、培訓師、諮詢師、企業顧問、輔導教師……等職業，大多數人想學習的是如何「運用」DISC 去「溝通」，而不只是如何精準的「判斷」DISC。

DISC 在於溝通運用上對於人類性格的清楚明確分類，在應用度上相當的廣且深，舉凡與人類行為與情緒反應都可以延伸運用，像是此本書在溝通方面的應用，另外還可以擴及至銷售、客服、領導、跨部及團隊溝通……等，平時我所講授的企業管理課程。

綜合上述三點，我選擇 DISC 做為長期培訓的核心系統，因其在歷史定位、學習效率及應用價值上，都經歷了近一世紀的時空考驗，加上超過三萬名學員對 DISC 的好評，讓我可以抱著非常堅定的信心地邁向下一個里程碑。

DISC的全球三項第一里程碑

超過十年的教學與輔導過程中，除了發現 DISC 的生活化及實用性外，也遇到了許多的問題與反饋。在累積超過三萬名學員的過程中，不斷以解決企業及學員的問題為目標，因此截至今日在 DISC 系統的發展上，我們達到了全球三項第一里程碑：

一、DISC 測驗版本最多

包括自我探索版、工作定位版、業務銷售版、客服指數版、人際關係版、兩性關係版、青年學生版及企業客製招募版等，包括基礎型及專業型近十款測驗，並不斷持續開發應用性更廣泛的各類型測驗。

二、DISC 測驗解析類型最多

DISC 四種特質傾向在排列組合上超過 2,000 種，依照 DISC 的程度性及組合性，細分成29種不同傾向的DISC類型，包括有著D型（開拓者型）、DI型（冒險者型）、Di型（創新者型）、DS型（實踐者型）、Ds型（目標者型）、DC型（指揮者型）、Dc型（效能者型）、I型（魅力者型）、Id型（激勵者型）、IS型（教學者型）、Is型（人際者型）、IC型（顧問者型）、Ic型（公關者型）、S型（穩健者型）、Sd型（沉著者型）、Si型（團隊者型）、SC型（研究者型）、Sc型（支援者型）、C型（完美者型）、Cd型（洞察者型）、Ci型（敏銳者型）、Cs型（自律者型）、DIS型（領袖者型）、DIC型（企業者型）、DSC型（策略者型）、ISC型（特助者型）、DISC全偏上（超載型）、DISC全偏中（適應型或閉鎖型）、DISC全偏下（下陷型）。

三、DISC運用課程最廣

把DISC與各類課程做結合，包括企管類的溝通管理、領導統御、人才招募、業務銷售、客服管理、團隊建立，以及青少年成長課程及營隊，合併總長超過十天，且能依照授課對象做最佳調整與組合。

雖然目前所接觸到的DISC領域，暫時尚未有專家學者或組織單位，在這三項里程碑上與我們並列，但深知「人外有人、天外有天」，所瞭解的範圍並非百分之百的全面性，若發現此三項里程碑有專家學者或組織單位的研究成果在我們之上，熱切的歡迎您與我們聯繫，我們將抱持謙卑的心不斷學習與成長。

進入DISC測驗前，該知道的DISC四大特性

其實不少企業單位的人資夥伴或主管剛接觸到DISC時，是採取較排斥的態度，認為DISC過於簡化一個人的所有行為與思維，並用簡單的幾項性格特質評判一個人的全部，甚至造成對他人貼標籤的負面行為產生，因此對於類似的性格分析工具有了懷疑及抗拒的態度。

我相當同意這些懷疑及抗拒的看法，確實無論哪種性格分析系統都容易造成貼標籤的副作用。像是講到處女座，你可能就會立刻聯想到龜毛這項特質。聊到牡羊座，可能會直接聯想到脾氣暴躁。而一講到血型是O型，就覺得是個急躁，靜不下來的人。或是一看有人鼻樑塌陷，就可能聯想到自卑或漏財，甚至一看到斷掌，有些長輩就可能會聯想到剋夫剋子。

這些都是所謂的「標籤化」，然而長久以來無論哪種性格分析的系統或工具，我認為都是有一定的參考及學習價值，說穿了就是一門統計學，用現代的語言就是Big Data

大數據，只是電腦有著海量數據，且能針對不同的條件，篩選出精確的目標客群、市場、需求、趨勢……，而人腦儲存的資料少，又容易看到他人的缺點，所以自然標籤一貼就都是負面的。

我常說：「別讓任何性格分析侷限了自己」，雖然性格分析系統或工具確實能幫助人們探索自我，然而只要擁有正確的觀念，性格分析將是一項瞭解自我與他人的良好輔助工具，而不是本末倒置的「論斷標準」。多年解析上萬份的 DISC 測驗結果後，發現每個人身上都有 DISC 這四種特質，只是在哪種狀況，出現哪種行為的你而已。以下整理出 DISC 性格模式系統的四大特性，讓每一位讀者在做 DISC 測驗之前，應該要瞭解的健康認知與觀念，莫把測驗結果當作是唯一的標準答案。

一、DISC 具有「時效性」

常有人來問，這個測驗結果是不是跟著我一輩子？如果是的話，那這份測驗就是在「算你的命」，這是一個非常不科學的看法，我非常不喜歡用性格分析去評論一個人的全部。DISC 的四大特性之一都是「時效性」，一般來說在測驗日期的前後三個月至半年的精準度會最大，時間越遠準確度就越低。

就好像一個人在二十歲與五十歲時，所做的健康檢查會有不同結果，是一樣的道理。DISC 測驗的結果會隨著時間有所變化，就好像我第一次的測驗結果是高 C 特質的完

美者型，但現在我是DI特質的冒險者型，完全是南轅北轍的兩種類型，但這都是我，只是時間點不一樣的我而已。

因此不要一直依照你的測驗結果，來做為長久性的定論，除非是在一個非常穩定的工作環境及職位上，約三至四年再重新測驗一次既可，不然都會建議每隔一至兩年可以再施測一次，確定自己DISC的變化，跟每一、兩年做一次身體健康檢查是相似的。

二、DISC具有「組合性」

不少企業或個人對於DISC有著標籤化的負面印象，這多半來自於接觸到DISC時被過度的簡化，就好像是星座一樣，但其實DISC在一個人身上是非常多元的，根據過去我們機構近十萬人次測驗的結果看來，單一類型的比例人次約占10％左右，其餘特質總合約占10％左右，而兩項特質均高的比例人次占了大多數的80％左右。

表示一般人多是兩種特質的組合類型，因此斷定一個人屬於哪一種單一類型，則容易標籤化，就好比每個人的星座是由十二個宮位所組成，例如有人的十二個宮位組成是處女座占四個宮位、天秤座占三個宮位、巨蠍座占兩個宮位、而射手座、獅子座及水瓶座各占一個宮位，如果僅用天秤座的大愛、容易受人影響、自省能力低來瞭解或評論一個人，那就是一種不夠客觀的看法。

這就是DISC的第二項特性：「組合性」，DISC四種特質都會同時在我們每個人身上，只是組合的比例不同而已。當需要競爭時，內在的 D 型特質就會彰顯出來，表現行動與企圖心。當需要熱鬧時，體內的 I 型特質就會跳躍出來，表現活力與熱情。當需要安靜時，內在的 S 型特質就會浮現出來，表現溫和與順從。當需要分析時，體內的 C 型特質就會顯示出來，表現出冷靜與邏輯，很多時候 DISC 不是絕對靜態的呈現，而是相對動態的變化。

三、DISC 具有「環境性」

人的性格形成是先天還是後天？這個議題有人認為是先天就決定，有人認為是後天環境養成，也有人的看法是一半一半。我長期觀察許多人的 DISC 變化，發現環境很容易影響 DISC 測驗的結果，這邊談的不是準確性，而是「情境」，簡單的說，就是人在不同的環境下，會有不同的 DISC 傾向呈現。

曾有一位電信門市的店長來問我，為何半年前測出來是 IS 型，現在測出來卻是 Dc 型？我問她半年前，你的職務是店長嗎？她說半年前是副店長，最近兩個月剛轉成店長。我向她解釋，之前你是副店，多屬於協助及配合角色，但現在你是店長，所以在執行和控管方面的工作量都會比以前更多，自然 DISC 會從 IS 教學者型轉變成 Dc 效能者型，相當合情合理、合乎邏輯，這就是 DISC 的第三項特性：「環境性」。

也因為太多接觸 DISC 的人不瞭解 DISC 四項特性，才會導致標籤化一直成為 DISC 最被詬病的地方，所以我設計出許多不同面向的版本，像是工作定位版、業務銷售版、客服指數版、人際關係版、自我探索版、兩性關係版、青年學生版等測驗，來幫助受測者能從多方面瞭解自己與他人，而不是僅憑一個測驗結果就斷定一切。

四、DISC具有「對應性」

環境會影響DISC的結果，當然面對不同的人，DISC的呈現也會受到影響，而產生變化。舉例來說，你在公司當面對總經理、經理、同事、部屬時，你的行為與態度是否也會多少有些不同？在家裡面對另一半及小孩時，是否也會有些不同？與每一任男女朋友交往時，是否也會有些不同？這就是DISC的第四項特性：「對應性」。

當人在面對不同對象時，DISC的呈現也會出現不同的表現，所以我特別衍伸出「對測模式」的測驗情境。像是工作定位版、人際關係版及兩性關係版的DISC測驗，都可以用一對一，以及一對多的方式，去瞭解彼此間的關係狀況、互動模式、合作方針及最佳溝通方式。

一位學習DISC多年的業務主管，在管理部屬時，呈現DC指揮者型特質，控制力極強，也會注意到很多小細節。在人際關係方面，卻呈現Id激勵者型特質，說學逗唱樣樣來，風趣又幽默，也蠻會激勵鼓勵他人，跟工作時的樣子有很大的不同。在兩性關係方面，面對他老婆時，卻呈現Si團隊者型特質，順從老婆的意見，幾乎逆來順受、百依百順，不喜歡與老婆吵架。而當面對小孩時又不太一樣，呈現IC顧問者型特質，像是個顧問一樣，孩子表現好時，不會吝嗇鼓勵和肯定，但做錯時，也會理性地去糾正過錯與問題，並給予孩子時間去自我反省和改善。

當時他非常訝異的發現，原來一個人有這麼多的 DISC 表現，而且沒想到 DISC 測驗可以從這麼多面向去瞭解自己和他人，而不是單單一個我是D型就結束了。一直以來我都認為，認識自己與他人是一條長遠的路，絕不是做了一次性格分析或心理測驗就好。應該經過時間與不同視角去瞭解自己及他人，「以人為本、DISC 為輔」，讓自己和他人成為更好的人，才是學習 DISC 的精神與價值。

測驗分析篇

DISC性格模式測驗與29型特質全解析

DISC基礎綜合測驗規則說明

❶ 盡可能在安靜不受干擾的環境下作答。
❷ 請依個人真實狀況直覺作答。
❸ 每題請以單選方式作答。
❹ 儘量於五分鐘內完成作答。
❺ 作答完成後，統計所有題目之選項個數。
❻ 將統計每個選項之個數，填入下方統計表格中。
❼ 依照附件 P.192 頁之「DISC 之 29 型特質完整分析」，找出相對應之組合類型。

舉例：選項❶共計 4 個、選項❷共計 4 個、選項❸共計 1 個、選項❹共計 1 個

	選項❶	選項❷	選項❸	選項❹
個數	4	4	1	1
代表	D 型	I 型	S 型	C 型

DISC基礎綜合測驗題目

你覺得你的特色比較像？

❶ 大膽果決，接受挑戰
❷ 幽默風趣，人緣不錯
❸ 溫和內向，樂於傾聽
❹ 彬彬有禮，謹慎仔細

平常與他人的相處，你比較傾向？

❶ 工作為主，很少談到個人生活
❷ 重視氣氛並帶動團隊活力
❸ 常傾聽並對他人態度和善友好
❹ 較不會主動與人建立關係

你希望別人如何與你溝通？

❶直接講重點，不要拐彎抹角
❷輕鬆愉快，不要太嚴肅或一板一眼
❸不要一次說太多，明確指示細節
❹條例式說明，並解釋其原因

通常別人會覺得你是一位？

❶積極、有行動力的人
❷開朗、風趣幽默的人
❸隨和、容易相處的人
❹謹慎、注意細節的人

哪一個比較像你？

❶目標導向有挑戰性的領導
❷良好表達與人建立友好關係
❸能配合團隊的忠誠配合者
❹流程掌控，注意細節及品質

執行事情時，什麼情況容易讓你擔心？

❶ 曝露出弱點，被人利用
❷ 被人排擠，不受肯定
❸ 變動過度，讓人無所適從
❹ 標準不一，制度不清

要完成一件事情時，你最在意的部份是？

❶ 效果是否有達到
❷ 成員相處是否有趣愉快
❸ 成員關係是否友善平和
❹ 流程及細節是否正確

哪一個是別人最常說你的小缺點？

❶ 容易沒有耐性
❷ 容易缺乏細心
❸ 容易沒有主見
❹ 容易缺乏幽默

你做決定的方式比較偏向？

❶ 希望快速得到結果的辦法
❷ 跟朋友一起討論後的辦法
❸ 有時間考慮或詢問他人意見
❹ 有詳細資料及他人經驗做為決策的依據

當你遇到挫折有壓力時通常會？

❶ 給自己打強心針並接受挑戰
❷ 先找朋友吃喝一番好舒解壓力
❸ 先躲起來掉淚並責怪自己
❹ 短暫沮喪後開始分析問題原因，並計畫解決方案

此外，我們也提供「線上免費版 DISC 基礎綜合測驗」，可以直接掃描下方 QR code 進入線上測驗平台，或是加入 LINE 官方帳號 @eyb3051l，獲取更多 DISC 資訊。

DISC四型特質解析

做完DISC綜合基礎測驗後，先瞭解DISC四型基本屬性與特質，才能找到屬於自己相對應的29型組合類型，並順利閱讀之後的「初階、進階攻心溝通篇」。

D型・Dominance・支配型

代表元素：火

代表顏色：紅

代表動物：獅子、老虎、老鷹、鯊魚。

高D型特質傾向之超級英雄：雷神索爾、綠巨人浩克、黑寡婦、黃峰女、水行俠、金鋼狼、黑豹、猛毒。

性格及特徵優勢：聰明、反應快速、行動力強、主動性高、行事果決、目標導向、充滿自信、意志堅定、掌控能力佳、具領導能力、企圖心強、會自我要求、有膽識、勇於冒險、強烈好勝心、具競爭心、具原創性、具獨特性、具生意頭腦、抗壓力強。

性格及特徵劣勢：沒有耐性、性格剛烈、霸道專橫、掌控欲強、急躁衝動、思慮不周全、易怒脾氣差、以自我為中心、缺乏同理心、偏執、好鬥心強、直接無理、獨斷獨行、自私自利。

I型・Influence・影響型

代表元素：水

代表顏色：黃

代表動物：海豚、鸚鵡、孔雀、獼猴。

高I型特質傾向之超級英雄：鋼鐵人、蜘蛛人、閃電俠、死侍、星爵、蟻人、快銀。

性格及特徵優勢：性格活潑、開朗大方、具好奇心、熱情有朝氣、表達能力強、幽默風趣、反應靈敏、人際關係佳、具舞台魅力、創意點子多、天生樂觀、正向積極、情感豐富、口才好、擅長激勵他人、感染力強、溝通能力佳。

性格及特徵劣勢：行事毛躁、粗心大意、缺乏毅力、誇張虛假、慣性說謊、記憶力差、缺乏責任感、放蕩不羈、自律性差、愛狡辯、慣性拖延、容易情緒化、貪心、抗壓性低、逃避問題。

S・Steady・穩定型

代表元素：木

代表顏色：綠

代表動物：無尾熊、樹獺、水豚、海馬。

高S型特質傾向之超級英雄：美國隊長、班納博士、樹人葛魯特、緋紅女巫。

性格及特徵優勢：親切和善、平和近人、穩健踏實、有耐心耐性、善良有愛心、和平不喜競爭、行事低調、配合度高、容易相處、忍耐力強、適應力高、脾氣好、有良心、生性節儉，容易滿足、忠誠忠心、中規中矩、犧牲奉獻。

性格及特質劣勢：動作緩慢、自我意識薄弱、慣性受迫、固執不願改變、過度保守、不敢冒險、隱瞞問題。

C型・Caution・謹慎型

代表元素：金

代表顏色：藍

代表動物：貓頭鷹、貓、蛇。

高C型特質傾向之超級英雄：神力女超人、蝙蝠俠、鷹眼、奇異博士、奧創幻視、鋼人。

性格及特質優勢：理性冷靜、情緒穩定、謹慎小心、謹言慎行、言行一致、自律性佳、條理分明、責任感強、分析力佳、講求公平、正義感強、實務導向、理解能力強、注重精確、要求完美、自動自發、邏輯力強、擅於規劃。

性格及特質劣勢：態度冷淡、人際關係薄弱、城府深密、缺乏彈性、自我偏見、愛批評、疑心病重、鑽牛角尖、容易悲觀、自我邊緣化、言詞犀利。

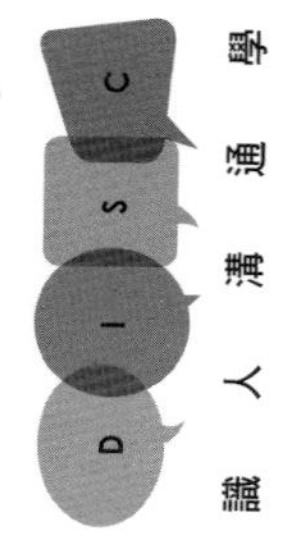

DISC之29型特質全解析

瞭解 DISC 四型基本屬性及特質後，就可以自行對照較複雜的 DISC 組合類型，目前已知全球最多的 DISC 組合為十八型，描述於《understanding why others misunderstand you》一書中。歷經三年的教學與研究經驗，依照 DISC 的程度性及組合性，於 2013 年設計出全球 DISC 測驗分類最多的專業型測驗版本，總共分類 29 型。雖然此書提供的測驗為基礎綜合版，但依然可以依照 DISC 四型數值，找到最匹配的 DISC 組合類型。

一、從 DISC 強度數值對照「曲線圖表」

你的 DISC 強度數值就是測驗時，統計的個別分數，29 型類解析裡均搭配一張 DISC 曲線圖表，用以快速看出 DISC 四型的比例趨勢，以對照縱座標的「強度數值」來做為 DISC 四型的程度的表現趨勢。若曲線圖表中，D型的強度數值為5分，C型的強度數值亦為5分，I型與S型的強度數值皆為0分，則此組合傾向為DC型，在29型分類上屬於「指揮者型」。

二、從 DISC 強度數值對照「英文字大小」

DISC 四型之強度數值分成低、中、高、極四種強度：

- **0～2分為低強度表現**：表示呈現出「少量」特質或行為表現，通常不表示。
- **3～5分為中等強度表現**：表示呈現出「一般量」特質或行為表現，以小寫英文表示。
- **6～8分為高強度表現**：表示呈現出「多量」特質或行為表現，以大寫英文表示。
- **9～10分為極強度表現**：表示呈現出「純量」特質或行為表現，以大寫英文表示。

例如 DISC 四型的強度數值為 4107，C型特質數值為7，D型特質數值為4，所以組合傾向為Cd型／洞察者型。

三、DISC 強度數值對照「特質比例」

性格模式在數量化上的定義為，在特定類型上所呈現出特質或行為之數量比例，DISC 每一型約含有約45種左右之特質與行為表現。

◆少量（強度數值0～2分）：代表呈現約0～10種左右特質與行為表現。

◆一般量（強度數值3～5分）：代表呈現約10～20種左右特質與行為表現。

◆多量（強度數值6～8分）：代表呈現約20～30種左右特質與行為表現。

◆純量（強度數值9～10分）：代表呈現約30～50種左右特質與行為表現。

例如DISC四型的強度數值為3106，從最大的數值依序看下來，C型特質數值為6，D型特質數值為3，所以組合傾向為Cd型，在29型分類上屬「洞察者型」。

四、DISC基礎綜合測驗的精準度為何？

依多年經驗統計，DISC基礎綜合版測驗的精準度平均落在50～70％之間、基礎特定版平均在60～80％之間、而專業版測驗則平均在75～95％之間。三者間的差異在於題目設計的邏輯性及精密度不同，下表為三大類型測驗版本之比較，讓大家清楚不同類型測驗的各項數值差異。

瞭解完後就可以開始依據所測得的DISC四型數值，從附件P.192裡的「DISC之29型特質全分析」中找到屬於自己最匹配的DISC組合類型，二話不說，我們就開始吧！

	DISC 基礎綜合版	DISC 基礎特定版	DISC 專業版
題目數量	10 題	14 題	28 題
施測時間	5 分鐘	7 分鐘	20 分鐘
選項型式	描述長句	描述長句	中性短詞彙
情境聚焦	低度	中度	高度
答題型式	單選	單選	正反向 + 單選
測驗報告組合類型	4 型	4 型	29 型
精準度	50~70%	60~80%	75~95%
檢測值	無	無	有
曲線圖表	1 個 現在呈現	1 個 現在呈現	3 個 過去、現在、未來
DISC 變化	無	無	有
時效性	1~3 個月	3~6 個月	6~12 個月
現有版本	綜合版	本我、人際、工作 兩性、學生、業務 客服、招募、客製	人際、工作

初階攻心溝通篇

立馬攻心的十六套溝通劇本

讓D型人不生氣的溝通首部曲

停看聽這座會移動的死火山

經過第三篇「測驗分析篇」，瞭解自己與溝通對象的 DISC 傾向後，就要進入實用的溝通技巧，當初馬斯頓博士覺得科學若只是在課堂上空談理論那就太可惜了，雖然過去馬斯頓博士的研究未涉及到溝通相關領域，但在往後的百年因教育及企管專業人士不斷的延伸各項應用後，才得以今日將 DISC 與溝通相結合。

溝通有沒有 SOP 或步驟可以遵循？雖然我認為只要面對的是人，都很難有一套保證讓所有人都滿意的溝通方法，就像有人喜歡吃星級餐廳、有人則偏好巷弄小吃，都會因為自身的性格及經驗而有習慣的溝通模式。

但無論使用哪一套 SOP 都會提高顧客的用餐體驗的滿意度。應該曾經去過具有 SOP 規劃的美食小店吧！點餐動線、上菜速度、服務口條、清潔流程……。跟連鎖品牌的服務 SOP 架構是很像的，差別只在於餐點的價格不同。同理，多年的觀察與授課經驗中，歸納出對DISC四型人溝通時，由淺到深的四個SOP步驟，好有一個大方向去實踐溝通技巧，不用矇著眼睛去摸石過河、亂槍打鳥。

面對D型人的溝通四部曲依序是：「時機、直接、重點、目標」。不同的狀況、不同的場合、不同的身份位置就會有不同的溝通時機點，雖說每種類型的人都需要看時機點，但D型人更是一種需要看時機來溝通的人，尤其是D型主管或是身分地位比你高的D型人。

很多人常覺得D型人脾氣不好，不願意聽人言、不願意心平氣和的好好溝通，但其實他們並不是一向如此，有可能是你挑錯了時間去找他們溝通。我常打趣的稱D型人是「會移動的死火山」，平常沒事時，就像死火山一樣，不會隨便爆發或是動怒。你跟D型人吃飯聊天時，也覺得其實他們不是脾氣很差的人，但只要他們準備爆炸時，那就是一個最糟糕的時機點。

何時是與D型人溝通時，最糟糕的時機點？其實不難判斷，只要溝通前「停看聽」就可以。溝通前先停一下，看看D型人的臉色如何？他們現在的工作狀態如何？聽一下他們現在跟別人講話的口氣如何？就可以觀察出D型人這座火山，是否準備要噴發了。

想想看，當火山要大噴發之前是不是都會有一些徵兆，頻繁輕微的地震、遠方傳來低沉轟隆隆的聲響、高溫或刺鼻的氣體從地表釋出、附近地表及水溫緩緩上升、動物異常的煩燥不安或大量遷徙、接著大噴發前冒出陣陣高入雲端的濃煙，最後一聲巨響，岩漿化成一道巨柱，噴發四散。

當你知道火山要爆發時，還會傻傻的靠近嗎？如同看到D型人正處於很忙碌的狀態，臉色很嚴肅或很臭時，講話速度比平常還要快二倍，說話語氣和態度比平常還要急切或不耐煩時，那請記得八字訣「保持距離、以策安全！」除非你有天大的事或是這件事與D型人正在做的事有關，而且會危急到結果，你在勇敢地挺身而出，否則還是緩兵之計實為上策，不然很容易被火山熔岩燒得遍體鱗傷。

唯有火山平靜時，才能去攀登，一近其雄偉與壯闊。面對D型人一樣如此，唯有他們沒有相當巨大的壓力時，他們才有可能理智地聆聽和思考你所要溝通的事情，所以跟D型人溝通前，不要急著一股腦地跑去溝通，請先「停看聽」D型人這座死火山的安全狀態。

讓D型人不生氣的溝通三部曲

請單刀直入、不要考驗他的耐性

觀察出D型人的最佳溝通時間後，就可以從四部曲「時機、直接、重點、目標」中的「直接」來與D型人溝通。不用擔心對D型人來說，是不是會太直接，尤其是面對職位比你高的D型人，千萬不要以為用「從前從前有一個……」的故事就可以打動D型人，保證他們絕對沒有耐心，想聽你把驚天地、泣鬼神的故事說完。

曾合作過一家大型企業的董事長，初見第一眼便可推斷這位董事長是標準的高D型特質人，身高雖僅一米六，但氣宇軒昂、炯炯有神，整個人散發出一種高壓的氣場。

董事長左手掛著每顆約一公分的深咖啡色佛珠，平時不會拿下，但當談公事時，發現他有時會把佛珠取下，並在手中撥數。何時呢？就是他覺得不耐煩的時候，我觀察當發言的人講一堆前言，或是短時間沒有切入重點時，董事長就會開始撥數手中的佛珠。

當時同行的一位簡報者在展示合作項目時，相當積極並舌燦蓮花的分享著他的計畫，但他卻是一直用講故事的方式來表達，我都感受到有些冗長了。果真董事長很快地把佛珠取下，開始撥珠。我實在很想跟那位簡報者打Pass，不要再講一些歌功頌德的形容詞了，快點直接進入重點吧！

輪到我跟董事長報告時，就一邊簡報一邊觀察董事長手上的佛珠，來當作是否有切入重點的依據，後來證明我的觀察應該是沒有錯的。當簡報進行約五分鐘時，董事長默默取下佛珠開始撥數，我立刻意識到在背景描述上花了太多的時間，所以接著話鋒一轉快速進入簡報的重要項目及效益，然後董事長又默默的把佛珠戴上，約到了中段又看到董事長取下佛珠開始撥數，就警覺到所講的內容對他來說並不是很直接相關，就又加速帶過，然後董事長又再次把佛珠戴回手上。

我很是欽佩這位董事長的修為，可能知道自己容易會有不耐煩的問題，面對自己員工時可以直接快速的命令，但當面對顧客或合作對象一直言不及義時，為預防浮躁或想打斷他人的意圖，所以透過數珠來緩和內心不耐煩的情緒。

不要老是怪D型人為何總是脾氣差，或是急著想直接聽重點，因為這就是他們的性格特質，性格特質沒有好壞對錯，只是不同而已。好比有人喜歡九十度鞠躬式服務，但就是有人覺得這樣很彆扭，當下次面對D型人時，不要怕是否太快切入主題會覺得很突兀，不用擔心是否太過直接會覺得不禮貌，因為D型人就是那種不喜歡拖泥帶水的人。

讓D型人不生氣的溝通三部曲

請給他重點、不然最好滾開

看準時機，直接快速進入主題後，就要準確的提出重點，來看看四部曲中「時機、直接、重點、目標」中的第三步，想起一次跟演藝圈資深經紀人開會，起頭就開始講上周去參加一個營會的事情。

我先說：「那個營會就一個遊戲玩三天……」

資深經紀人冷漠的回：「嗯……」

我接著說：「而且你知道那個早餐多無語嗎……」

資深經紀人冷漠的回：「嗯……」

我又說：「主持人是不錯，但串場和音樂都沒搭配好……」

資深經紀人還是冷漠的回：「嗯……」

我再接著說：「最後那個結尾是不錯，但還是有點冗長……」

資深經紀人忍住情緒的回：「嗯……」

我最後講：「晚上的那個遊樂場活動有點瞎，都沒有打到內心……」

資深經紀人開始有點不耐煩的回：「嗯……」

最後她用一種不耐煩眼神和口氣問我：「那你想幹嘛！」、「你是想問我的意見，還是怎樣？」如果你的重點是看怎麼搞好我們的營會，然後看哪邊可以互相討論，或是如何強化自己。如果不是，你講這些的意義是什麼？我當時尷尬的說不出話來。雖然被小修理了一下，但確實是我忘了，要跟D型人有良好溝通，一定要先搞清楚D型人內心的OS，才能講出他們想聽的關鍵句，否則怎麼被轟的都不知道。

平時其實D型人算是好說話，但講起工作來，D型人就會開始超級目標導向，他們在工作上很不喜歡講一些沒意義的東西，更討厭瞎聊一些五四三、沒目標的話題，他們一向開口閉口都是工作，要他們在茶水間聊八卦，，那真的是很浪費時間。但如果聊的是跟工作相關的話題，D型人就會很有興趣的湊過來，因為那才有意義，不只是純打屁而已。按D型人喜歡的溝通模式來看，溝通前要先想好「我講這件事情的重點是什麼？」、「準備要溝通的重點是什麼？」

是要討論出一些新的想法、協商出一個方案、取得雙方的共識、還是要請對方幫一個忙，溝通中盡可能不要東拉西扯一堆，才回到主題上，不然D型人會覺得你在浪費他們的時間，內心會一直OS：「你是要幹嘛？你想表達的重點是什麼？」然後就會開始不耐煩加臭臉地回應你。

若希望和D型人溝通出一個不錯的共識，要清楚的表明出重點，是哪些人要去做這些事？要去哪裡集合？幾點以前要準時抵達？到了目的地後要做哪些事情？哪些事情是要注意的？這件事對雙方有什麼好處？我們部門需要付出什麼？如果有問題要怎麼處理？也就是大家常講的「人、事、時、地、物、如何」。

不少人常跟D型主管溝通前，會先講一些問題和困難，但一不小心就成了抱怨大會，這時D型主管就會開始面露不耐煩，然後打斷地問：「你究竟要我做什麼？」或「你講這些是想怎樣？」要是這時沒有立刻提出重點，那就不要怪D型人要開始暴走，因為當他們聽了過多的抱怨時，內心會大叫：「現在請你告訴我，你是有要準備娶他媽嗎？還是他媽想要嫁給我？」不要跟他們講故事，讓D型人知道「重點」是什麼，他們就不會一直不耐煩得打斷你或反問你。

讓D型人不生氣的溝通四部曲

講明清楚目標，不要拐彎抹角

很多人常覺得D型人在溝通時態度都不好，主因不是他本身態度不好，而是溝通方式讓他們的態度不好，只要事先摸清楚D型人的溝通四部曲：「時機、直接、重點、目標」，你會發現D型人並非難溝通的一群人，相反的，有話快說、目標明確，就是跟他們溝通的最好開始。然而I型人及S型人很容易跟D型人溝通時會拐彎抹角，主原因是他們會害怕D型人強大的氣勢，所以會下意識地迂迴溝通的重點及目的，以避免D型人突然暴走或是被狠狠地拒絕。

電影《讓子彈飛》中讓我印象深刻的一段，縣長、黃老爺和師爺在麻匪被擊斃後，縣長肯定大義滅親的黃老爺，然後提出了一個方案，「三天之後，你出錢，我剿匪。」黃老爺為了脫身，二話不說立刻拱手回縣長：「好哇！三天之後，一定給縣長一個驚喜！」縣長沒回話，卻轉向師爺問……

縣長問師爺說：「你給翻譯翻譯，什麼叫驚喜？」

師爺納悶的回答：「這還用說，都說了。」

縣長又問：「我讓你給我翻譯，什麼叫驚喜？」

師爺還是納悶的回：「不用翻譯，這就是驚喜啊。」

黃老爺補上一句：「難道你聽不懂驚喜？」

縣長開始動氣地再問了師爺說：「我就想讓你翻譯翻譯，什麼叫驚喜？」

師爺緊張的回：「驚喜嘛？」

縣長動怒的大聲追問師爺：「翻譯出來給我聽，什麼叫驚喜？什麼他X的叫驚喜！什麼他X的叫他X的驚喜！」

師爺慌張急忙轉向黃老爺說：「什麼叫他X的驚喜呀？」

在一陣緊張又情緒逼近頂點時，黃老爺突開口：「驚喜就是，三天之後，我出一百八十萬給你們出城剿匪，接上我的腿，明白了嗎？」

沒想到縣長竟繼續又連問師爺說：「翻譯翻譯、翻譯翻譯」，師爺回神的複誦：「驚喜就是，三天之後，黃老爺給你一百八十萬出城剿匪，接上他的腿！」沒想到一秒間，縣長露出微笑，上前一步，向黃老爺恭敬的握手地說：「大哥，這就是驚喜，小弟我願意等你三天。」

其實縣長並不是不知道驚喜兩個字的意思，而是要逼黃老爺說出具體的做法，雖然其中有些爾虞我詐的戲路，但對於D型人就是盡可能的具體說清楚目標是什麼。如果縣長不一直問驚喜是什麼，那怎麼會知道三天後，有一百八十萬可以剿匪呢？

我經常聽到有人請D型人幫忙時會這樣說：「到時候那個客戶就請你多幫忙一下了。」這句話聽在D型人耳裡真的是抓狂的開始。怎麼幫忙？要我幫忙哪裡？我又該幫到什麼程度？然後等當發現結果不如預期時，再來怪D型人沒出手相挺。當對方是D型人，請直接具體的說：「下週你碰到那位客戶時，再請你幫我們轉交資料及名片，順便幫我們美言幾句。」這樣D型人就會很清楚的知道具體的目標是什麼，好去執行。

跟D型人溝通，千萬不要拐彎抹角或掩飾溝通目標，D型人傾向直線式思考，只要是不具體的目標，D型人都會感到困惑，想要問個清楚，若又回答那種「到時候看你的囉」、「一切就拜託你了」、「你知道的嘛」，那溝通如果無疾而終，可別怪罪他們了。

讓I型人聽進去的溝通首部曲

先調個情、暖個場吧！

兩型人總覺得I型人並不是容易溝通的人，認為他們時常敷衍了事，甚至是喉嚨發音，每次都是左耳進、右耳出，根本就心不在焉，嘴巴都講好好好，不過看起來就是一副心不甘情不願的樣子，聊天都很生龍活虎，但只要一講到工作的事，感覺就是理由藉口一大堆。

猜猜看是哪兩型人認為一個活潑有趣、人際關係不錯、常討人喜歡的I型人，是個難溝通的人？答案是D型人與C型人，主因不是這兩型人的溝通能力不好，只因DISC每一型人接受表達及說法的邏輯不同，雖然溝通的目標相同，但只要說法不同就很容易產生無效溝通，所以接著來討論I型人溝通四部曲：「暖場、喜好、示範、讚美」。

跟I型人溝通前，最好先閒聊一番，如果可以幽默一下那是更好，要清楚I型人生性是感性多於理性的族群，而溝通時的感受與氣氛對I型人是相對重要的，輕鬆有趣、不要太有壓力，才會讓他們願意打開耳朵把話聽進去。

但D型人與C型人經常跟I型人溝通，總是不苟言笑、正經八百又語帶壓力的說：「來，有件事，我們來溝通一下。」對大多數I型人來說，感受到壓力的他們，內心會立刻拉起警報，至少先來個猶抱琵琶半遮面。

想讓I型人願意溝通，不是像面對D型人那樣快速直接的切入主題，而是需要先暖個場。其實溝通時，幾乎都需要有個前言來暖場，像是「因為上周有個客戶來客訴……」、「上次督導來視察時……」、「昨天那個廠商反應Logo太小……」，這些引言都算是暖場，但我這邊要說的露骨一點，對於I型人來說，需要到達調情的等級才算是有助於溝通的暖場。

啥！溝通而已，還要調情？這是比較露骨的比喻，重點就是要讓I型人喜歡你這個人，不是男女間的喜歡，而是覺得跟你這個人說話，是輕鬆有趣、沒有壓力的，像是「因為上周有個客戶來客訴……」你可以轉換成「你知道嗎？上周那個客戶應該是從火星飛到澳洲，再轉機來的客人吧！」。「昨天那個廠商反應LOGO太小……」可以轉換一下「昨天那個廠商應該不知道，你是國際知名設計大師，竟然反應LOGO太小……」。我聽過一位學員分享，說他的I型主管很厲害，部屬都很喜歡他，大家工作都很賣力，因為那位主管很會這招，溝通前都會調情一下，「請問大師，這個稿子能幫忙再修一下嗎？」、

「來，凍齡教主，幫我跟客戶溝通一下這次產品……」、「那個筊白筍美少女，這個問題你……」

或許看在D型人和C型人的眼裡，這樣根本是巧言令色，鮮矣仁！但就I型人來說，這種話語容易讓他們心花開。當心情好了，自然你講的話就容易聽進去了，感性的人需要感性的話語，記得一件事，「I型人的態度來自於你的溫度」。

讓I型人聽進去的溝通二部曲

投其所好，試著問：你的夢想是什麼？

與I型人暖好場後，接著是四部曲「暖場、喜好、示範、讚美」的第二步：「投其所好、勾勒夢想。」每年我都會執行青少年DISC營隊，記得一位媽媽在營隊前請我多幫忙處理一下他家的小孩，整天沉迷線上遊戲，房間亂七八糟，不讀書的原因竟然是他認為爸爸都在打牌、打高爾夫球、到處吃喝玩樂然後就可以賺錢。甚至還說出「反正爸爸死了，錢都是我的，為什麼要讀書」這種大逆不道的話。

我當下只能說盡力，畢竟我也沒資格對孩子說教，因為我以前比這些孩子還要誇張，成績差也就算了，想得到的壞事幾乎沒少幹過，但最重要的是，我很清楚對I型人說教的效果常是奇差無比，而且還很容易有反效果。

當我從測驗得知這孩子是DI型之後，就抓了一個休息的小空檔把他叫了過來，從他的眼神可以感受到他內心的OS：「唉！一定又是我媽叫人來跟我講一堆無聊的話，什麼爸媽好辛苦、要好好讀書、不要辜負他們對你期待，又是一個打手，隨便啦！」可我看透他的心思，好歹這路我也走過，八股的教訓，過去的我是一個字也沒聽進去過。

一開口我問：「你平常都打哪種線上？」、「你都用誰啊？」、「現在練到幾等啊？」、「你有在組隊嗎？」、「你都打哪一路？」、「有參加過比賽嗎？」，一開始那學生驚訝並沉默了幾秒，想說這老師是怎樣，頭腦燒壞嗎？不是來教訓我的嗎？竟然問我打什麼遊戲。

但幾個關鍵問題下來，學生的眼神露出了一絲的光芒，不再是那個不屑一切、超抗拒大人的小屁孩。跟我講現在都打哪款線上遊戲、都用哪幾個角色、然後哪幾個角色一開始超難練、哪幾個角色適合打哪個路線、哪些裝備很難拿、團戰時哪些角色很好用、這就是「投其所好」。

每次講這經歷，就有人會說，是不是我剛好有打同一款遊戲，才可以跟他快速的拉進距離、卸下心房。其實我沒時間也不太愛打線上遊戲，尤其是線上團戰類型的，我只不過是把畢生對遊戲認知的幾個關鍵字，拿出來跟他聊而已，坦白說我真是不知道學生在講啥碗糕，但重點是你願不願意跟I型人溝通時，先投其所好而已。

上課前我抓緊機會問了他：「你覺得是每天花錢去打電動的人比較厲害？還是設計電動，又可以賺錢的人比較厲害？」他說應該是設計的人比較厲害，可以創新角色又可以賺錢，感覺就很屌！最後我問他：「你知不知道遊戲設計師的英文和數學都要不錯？」然後就放他回小隊去了。

我沒有要說服他去好好唸書，也沒有告訴他，你爸媽是恨鐵不成鋼，拜託你可憐天下父母心，我只是學了達人秀的評審每次必說的台詞：「你的夢想是什麼？」而已。對於I型人而言，責任和義務只是一種用來脅迫他們去服從的枷鎖，但內心的夢想卻是他們心甘情願、跪著也想走的旅途，當下次發現為何一個I型人特別不好溝通時，提醒自己，他們想聽的，不是千篇一律的大道理，而是想成為一個「追夢人」。

讓I型人聽進去的溝通三部曲

不想看到無言的結局，給個Sample好嗎？

雖說I型人並不是特別難溝通的人，但因每個人對事情的認知角度不同，尤其高I型特質的人，對於較複雜的事情都會自行簡化解讀，所以很多時候，並非I型人不用心或是敷衍行事，而是他們本身具有「化繁為簡」的思維模式，導致在對I型人溝通時，經常發生「講的很清楚，卻做的很無語」的情況。

一次閒聊之際，青少年營助教聊到樂器，沒想到其中一位會彈鋼琴，而且還能現場演奏，這時另一個高I型助教好奇的問：「那你可以開幾指？」接下來一陣爆笑，眾人狂吐槽他，是要生小孩嗎！應該是要問：「你最多可以開到幾度」。雖然是件搞笑插曲，但其實跟I型人溝通時，如果不想被無言的結局氣到口吐白沫，那你最好是給個示範或sample會比較穩當些，所以跟I型人溝通的第三步就是四部曲「暖場、喜好、示範、讚美」中的給予示範。

過去我面對 I 型部屬時，經常會犯這樣的毛病，認為只要讓 I 型人樂意去做，就可以完成目標了，但發現最後都是氣到得內傷，以前當課程助理時，課程記錄的拍照都會依照「小中大」去拍照，好做為課程結案的素材。

「小景」就是拍演講者的獨照，或是與學員互動的近照，「中景」則是照片範圍內包含演講者及一半數量的學員，而「大景」就是演講者加上所有學員，如此方便後製人員在選擇照片時，能依照不同的需求選擇適合的照片。

而換我當主管時，卻只跟課程助理講「多拍幾張照」、「各個角度多抓個幾張」、「大約拍個三、四十張左右」，結果一段時間後，看了之前幾堂課的照片，有七成都是我個人的照片，差一點要抓狂罵人，但我冷靜下來回想，之前確實沒有跟他提到「小中大」這個拍照的概念，所以之後每次我都會明確地交待了這個拍照邏輯。

你猜如何？我又差一點大抓狂，是有比之前好一點，但就是沒有達到我的要求，我發現這樣溝通對於 I 型人是一種「互相折磨」的輪迴，所以我列出一張含有六種取景的 Sample 表，請他下次依照這個規格去拍照記錄，後來就順利多了，雖然不到我滿意的九十五分，但起碼平均都有八十分的標準。

我一直很好奇是不是每種類型的人，都會有這樣認知上的落差，後來我刻意在沒提供拍照 Sample 表的情況下，分別找了其他三型的助理來測試，果然 C 型人是落差最小的，拍出來的照片最符合我的要求，而D型及S型也都在合格範圍之內，就只有可愛的I型人，總是不負眾望的落差最大。

當然不是每個I型人都會這樣「落漆」，只是經驗上I型人的大腦過於活躍，總會希望有些創意、有些變化，而事實上，有時候I型人也真的可以拍出幾張有生命、有創意的照片，但如果這項工作不需要太多的創意，那真心的建議你，溝通中給個示範和Sample，免得彼此都覺得心好累。

讓I型人聽進去的溝通四部曲

別忘了太陽的溫暖、讚美永遠不嫌多

四部曲「暖場、喜好、示範、讚美」中最後一個步就是讚美，不少人會說，誰不喜歡被讚美呢？當慢慢熟悉DISC後，會發現D型人對於空洞的讚美是無感的，而C型人對於讚美，十句中有八句是有抗拒的；但I型人對於讚美可以說是照單全收，所以與I型人溝通的最後階段，給予適當的讚美，更能強化他們的認同感及行動力。

朋友跟我抱怨說，實在不知道他哪裡說錯了，只是給他老婆一點小建議，結果她就一整個暴走，很不爽的說：「以後你要吃自己煮！要吃蒼蠅就自己抓！」我便問朋友：「你是不是說，好好的一顆咖喱魚丸，做得既沒魚味又沒咖喱味，失敗！蘿蔔沒挑過、筋太多失敗！豬皮煮得太爛、沒嚼勁，失敗！豬血又爛稀稀的，一夾就散，失敗中的失敗！」

朋友無奈的表示，只是每次高麗菜都煮得爛爛的，紅蘿蔔絲切的都快成片了，雞湯像是煮給三高患者吃的，一點鹹味都沒有，白飯總是煮得濕濕黏黏的，有時候絲瓜也是切的快跟小饅頭一樣大。然後跟她溝通說，妳是不是可以看一下型男大主廚或是youtube，上面也有很多教人做菜的頻道，照著做應該不難，接著我老婆就暴走了。

朋友繼續向我訴苦，其實沒有要責怪我老婆的意思，知道她煮飯也很辛苦，不過給些小建議，下次一起吃也會開心一點，沒有期望她要有大廚的手藝，就每次進步一點就好。朋友不解的問我：「我這樣說，錯了嗎？」我直接了當回他：「你講的都沒錯，但你的溝通方式，你老婆不能接受而已。」

如果與D型人溝通首要「看時機」，那與I型人溝通，首要則是「看心情」。I型人是典型先處理心情，再處理事情的人。而D型人與C型人恰恰相反，很討厭先講心情，再談事情。他們的溝通邏輯是事情先處理好，心情自然就會好，所以何需先處理心情？如此相反的行事風格，溝通衝突自然隨時而起。

要知道I型人很重感覺，溝通過程中儘可能讓他們心情愉悅，只要心情好，心門自然開。聽過一個聰明老公的溝通方式，當老婆把豬肝煮的過老、過硬時，老公並沒有像食神般劈里啪啦地挑剔，而是說：「老婆，今天辛苦囉，只是我發現今天這隻豬好像得了肝硬化耶！」老婆咯咯的笑了後，便不好意思的回：「好啦，好啦，下次豬肝應該不要一開始就放下去。」

讓I型人把話聽進去其實不難，難在溝通時，很多人都不小心成了「北風」。相信大家對北風與太陽的故事都耳熟能詳，北風越使勁吹風，旅人越是緊抓著衣帽，沒吹掉不打緊，還讓旅人把衣服和外套往身上拼命地加。但太陽只是暖暖的發光發熱，毫不費勁的就讓旅人脫到快一件不剩。

這就是讚美和肯定對I型人的力量。不需要「你真的好厲害！」如此浮誇的讚美，或是「要是沒有你，我們都不知道該怎麼辦」這般殷切的吹捧，只要「我相信你應該可以做的不錯」、「你有這種天份」、「我們很看好你喔！」這樣的小讚美與肯定，其實就能點燃I型人心中的小宇宙。

讓S型人心門開的溝通首部曲

用時間鑰匙打開溝通之門

DISC四型人中，S型人往往是最好溝通的一群人，主因是S型人天生就是個性溫和、好配合，像是跟他們約，他們的回答都讓你覺得so nice，約去哪裡玩都可以，約何時碰面都可以，約吃什麼都隨便，總之配合度是沒話說。

對S型人來說，一般性事物的溝通其實都不是難事。難的是當你想影響他們的決定時，S型人會比你想像中的更不容易動搖，不像吃飯、去哪玩那樣的好配合。不少學員都跟我說過，S型人雖然大多數時間都好溝通，但他們內心也是有「不易動搖」的一面。

跟S型人溝通的四部曲是「和緩、安心、細節、鼓勵」，所以首要步驟就是讓他們「有時間」可以開口說話，別以為讓S型人開口很容易，他們需要時間消化及考慮你的提議，通常一個「你覺得如何？」的問題可能需要十秒鐘才能開口回答。但D型人及I型人的速度感，是等不了那麼久的，當拋出第二個問題時，思考速度較慢的S型人無法

加速，只會打斷仍在思考的第一個問題，這反而更拉長他們回應的時間，接著你感到不耐煩，他們感到不被尊重，這事還溝通的下去嗎？

D型人與S型人的性格是屬於南轅北轍的相反類型。一個是飛快的急驚風，一個是悠閒的慢郎中，光是速度感就很容易會有磨擦。最典型的就是D型人常常說話很快，一下子就把要說的話都講完，然後問S型人：「這樣你懂了嗎？」、「這樣有沒有問題？」然後S型人還在思考消化時，D型人看S型人沒開口，就直接接話：「OK！好！那就這樣。」S型人就在這半推半就下被迫接受D型人的意見。

語速最快的I型人也差不多狀況，只是I型人都是笑笑的說，沒有D型人那種大軍壓境的強迫感，但也是摸頭式的說服而已，根本沒有讓S型人開口的餘地，久而久之S型人就會消極的對應這兩類型人，但殊不知S型人的悶氣也會日益積壓，等哪天暴發開來，大家摸不著頭緒時，才會瞭解S型人的怨氣真的是「冰凍三尺非一日之寒。」

S型真的是隨和又配合，對於其他人的提議，大多不太會採取反對意見，就算是不喜歡，只要不是太為難自己，他們都會默默忍耐及配合。但要是S型人打從心底不認同你的提議，半推半就的溝通方式，反而會讓S型人關緊心門。

如果你真心想與S型人好好溝通，多瞭解他們內心的想法與意見，理解他們天生的速度感，不要逼他們趕上你的速度，冷靜想一想，等多他們也不過是幾分鐘的事，讓自己沉澱下來，用時間鑰匙打開溝通大門。

讓S型人心門開的溝通二部曲

安全是通往溝通目的唯一的路

給S型人時間消化你的溝通內容，僅是開了不到一半的門而已，四部曲的「和緩、安心、細節、鼓勵」中的第二步是個很重要的關鍵，S型人能否被你影響，幾乎是看這一步，有沒有真的抓住他們的心，他們要的心就是「安心」。

安心很抽象，但對S型人來說，具體的安心就是安全感，他們在做較重要的決定時，幾乎都會被安全感所牽引。小到買雞蛋糕，大到結婚買房，安全感都時時刻刻繫著S型人的決策按鈕。某年青少年營隊結束的第一晚，我帶著助教們去買宵夜，一個S型助教回來跟大夥說：「我去買的那間雞蛋糕有好多口味喔，有奶油、紅豆、花生、芝麻、巧克力、草莓、藍莓、奶酪、黑糖、起司、還有義大利肉醬、義大利青醬，大概快二十種。」大夥聽得新奇，便問他買了什麼口味，結果這位S型助教溫溫的說：「就原味」，大夥一陣喧嘩，我問他為為什麼只買原味？他說：「因為安全」

S型人會因為安全感，而選擇平時習慣、穩定、變化不大的東西，好讓自己保有「安心」的感覺。當我們瞭解S型人的內在驅動力時，就比較容易影響對方往預期的目標走。壽險是一個難度相對高的職業，賣得是一份或許用都用不到的契約，買得是一種讓人安心的感覺，這點剛好在S型人身上一覽無遺。

我阿姨跟我分享許多成交個案中，撇開已經購買足夠保險的人，S型顧客是對保險抗拒最小的類型，因為保險基本的功能就是，「在你發生意外時，提供相對的保障，使經濟生活不至於匱乏。」只要提及意外發生時的巨大損失，對比購買保險的金額，S型人會願意花費一些錢，來保障自己和家人的安全。

但S型顧客也通常有一個銷售上的問題，就是猶豫不決，遲遲無法決定的主因是，需要詢問家人的意見，若是家人持反對意見，那很可能S型人就會放棄購買，畢竟S型人很容易受家人左右，所以當S型顧客在猶豫時，多會把焦點轉向身旁的家人，瞭解身旁是否有人對商品有所疑慮。

說了有趣，通常S型人的另一半，D型人居多，正所謂「一個願打，一個願挨」，若是S型顧客沒有決定權，那就需要對有決定權的人做溝通，但之前一定要讓S型顧客有一個「你是為了家人的安全做決定，而不是只是買個心安」的概念。

「當不幸發生意外時，有了保險就不會拖累到家人」、「當經濟陷入了困境，有了

保險中的儲蓄金，就可以讓孩子無後顧之憂。」、「趁有能力時先做好退休規劃，老了就不用擔心退休生活了」、「趁還可以工作時，做好長照規劃，未來就不用為難孩子了」，這類都是以S型人內心安全感出發的溝通語言，讓他們瞭解保險可以免除失去的痛苦，彌補意外發生時的經濟損失與困頓。

很多時候，S型人要的不是無止境的慾望，而是避免失去的恐懼。請多思考他們擔心失去什麼、害怕變動什麼，就可以掌握住溝通的關鍵，讓S型人願意接受你的提議。

讓S型人心門開的溝通三部曲

他的速度取決於你給的細節

給予彼此充裕的時間，讓S型人擁有安心的感覺後，接四部曲「和緩、安心、細節、鼓勵」中的第三步，說明細節。S型人的做事風格偏向「一個蘿蔔一個坑」，穩定踏實不易出錯，然而他們沒有像I型人般「山不轉路轉，路不轉我轉」的應變能力，也沒有像D型人般「快刀斬亂麻」的決斷力，因為每種人的特性都極不相同，溝通時，要多換位思考，才能說到對方的心坎裡。

S型人做決定時，常想問問別人的看法或意見，甚至有人會覺得他們「說一動、做一動」，但事實上S型人經常對自我信心不足，加上個性溫和、行事作風偏慢速率，當有突發狀況時，S型人容易陷入猶豫不決並擔心自己做錯事情或決定，若再加上旁人指責，很容易形成一種「多做多錯、少做少錯、不做不錯」的消極思想。

一位主管講述S型部屬的工作狀態，請他去附近書局買包A4紙來應急，結果十分鐘後卻空手而回，主管問：「怎麼沒買？」S部屬：「忘了問你，要買哪個牌子？」主管是又好氣又好笑的答：「就隨便啊」，結果S部屬回：「每個牌子的價錢都不太一樣，我不知道要買哪個牌子比較好。」

主管內心的OS是：「我也不知道啊！你不會問店家喔！而且就幾塊錢的東西，不用比來比去。現在是要應急的，多個幾塊也是公司付，又不從你口袋掏錢，連這種問題都要問我，那我不每天忙死了！」

「溝通」說白了就是「見人說人話，見鬼說鬼話」，過去我們把這句話看得很負面，總覺這種人就是油嘴滑舌或是花言巧語，靠一張嘴遊走職場與商場。但每次講到這句，都會想到小時候看林正英演的那部《靈幻家族》，最後一大群殭屍逼得林正英不得不請鬼差上來收拾。鬼差不會說人話，道長林正英只好口嚼臭黑蛋，喃喃自語的說起鬼話，溝通後開了幾千萬的銀票，才讓鬼差收了這群殭屍，化險為夷，真的是最道地的「見鬼說鬼話」。

當你換位思考S型人的特質是如此，就不要勉強S型人要有D型人的速度，也不要期望S型人有I型人的靈活，但你絕對可以放心，他們不會自做主張的把你清楚交辦的事情，搞得意外連連或是讓你晴天霹靂。我有一個課程的活動非常複雜，從頭到尾需要近三十個步驟，並搭配超過二十首不同的音樂及歌曲，通常第一次執行的助教平均需要彩排十次左右，才能有七十分的表現。

但有一次是個S型的助教來執行這艱鉅的音控工作，加上沒太多時間彩排，我預料將會是一場可怕的夢魘，後來我花了兩個小時熬夜趕出一張詳細的SOP流程，把所有的步驟都羅列出來，把每一首音樂所要切換的時間都標示清楚，最後這位S型助教只彩排了兩次，完成度高達九十分，如果你希望與S型人溝通完後還能有預期的結果，那他們的速度，取決於你給的細節。

讓S型人心門開的溝通四部曲

困難的事，他們需要更大的信心

四部曲「和緩、安心、細節、鼓勵」中的最後一步就是給S型人堅定的鼓勵，安穩的心加上清楚的流程與細節，基本上就不會有太多的問題，但要是這件事情有些難度，那就很需要最後一步來強化他們的信心與行動力。

手機大廠的經銷商業務在課間問我：「老師，我是高S型的人，上次課程後我開始調整自己，講話大聲一點、快一點，後來自己覺得說話時就沒那麼畏畏縮縮，感覺客戶也覺得我越來越有自信，但我還是希望能再突破我的高S特質，請問老師，還能怎麼調整？」

我問：「上次課程到現在3個月，妳覺得那方面進步最多？」

S型學員回：「就自信心比較強一點，但遇到D型老闆還是會很怕。」

我說：「好！很不錯！撇開工作不談，妳覺得自己內心是屬於哪一型的？」

S型學員：「嗯，應該也是S型的。」

我問：「妳希望面對D型老闆，能更有自信的侃侃而談，是嗎？」

S型學員：「嗯，是的。」

我突然拿起手上捲好的講義往她肩膀K過去，她身體抖了一下，眼神透出莫名其妙，她以為我要開始講點什麼，然後我又再K了一下，這次她又抖了一下，但身體有閃了一下，我看了她一眼，點了個頭，又揮了過去，這次她身體沒抖動，身體往旁邊多閃了一些。

我問：「等一下我再K妳，除了閃，妳還可以怎樣？」

S學員默默的回：「嗯……………？」（果然是S型的）

我說：「手拿起來擋，是不是就不會被K到。」

S學員：「嗯。」

那要來了喔！一起手又K到，沒關係，再來。

再來喔！又K到，但這次快了一點，不錯喔！

再來！又K到，有比上回快了一點，很好喔！

再來！又K到，手有擦到一些，不錯！不錯！

再來！又K到，很好！快能擋住一半了，繼續

再來！很棒！差一點了，加油！

再來！很好！最後一點了，加油！

再來！最後一次！

蹦！當她完全擋住的當下，有些小興奮，但還是有些疑惑，以為我會開始講點甚麼道理，結果我又說，再來囉！說完馬上又下手，這回她反應快，擋了下來，我又是一下，她也擋了下來。

我說：「這樣妳懂了嗎？」S型學員說：「嗯，是要多練習嗎？」我說：「正確」的練習。回到工作崗位後，你要記得兩件事：一是把公司教的反對處理問題教材拿出來，

不斷的複習與練習，直到能快速反應為止。第二是正確的練習，請把我上過如何對付D型顧客的技巧和話術那段，拿出來好好練習，記得先找D型同事或主管當對象，等練習夠了再去找D型老闆。

最後我鼓勵她：「你進步很快，加油！你沒問題的！」看得出來她的眼神裡有點光了，自信心偏低的S型人除了要有安心感和流程細節外，也很需要口頭的鼓勵、信心的喊話，以及前幾次的小成功。

讓C型人心服口服的溝通首部曲

沒有禮貌的人等於不會溝通的人

很多人問我，是不是C型人特別難溝通或說服，我都會反問：「你覺得你有辦法說服一個量子力學的教授，怎麼做好一個雙縫實驗嗎？」、「你覺得你有可能教導一個財務長，如何做好一份清楚的資產負債表嗎？」、「你覺得你有機會跟一個心理學博士好好溝通，該如何做一個讓婆婆喜愛的好媳婦嗎？」、「你覺得真的可以說服孔明，不要派關羽守華容道嗎？」

或許這樣舉例有些過頭，但I型學員都很能體會，對他們來說，C型人真的是超難搞的一群人。好像無論怎麼說，他們都有一百個你無法否定的原因理由。但其實C型人不是你我眼中那個固執不堪、不知變通、堅守己見、說一反十的人，也不是故意要挑你問題、找你毛病、打你槍的人，只是C型人天生思維嚴謹、凡事講求邏輯性、合理性、一致性，要是再加上見識廣博、飽讀群書，那被打槍剛剛好而已。

有時候不是你太弱，是C型人太強而已，若是想以隻字片語、不通的邏輯、沒憑沒據的想半推半就讓他們點頭同意，可是如登天一樣難。除非你是他們的大老闆，但那也只是口服心不服，C型人不會表面否定你的地位和權勢，但肯定會在背地不屑你的愚昧和霸道。因此面對如此聰明的C型人，第一步切忌，不可像面對D型人般過於直率，亦不可像對I型人那樣的熱情搞氣氛，這對C型人都是錯誤溝通的第一步。

C型人的溝通四部曲是「禮貌、理由、論點、反問」。與C型人溝通的首要第一步就是要有禮貌，可能現代人對於禮貌的看法是，溝通前說句「不好意思」，然後就開始我跟你說喔，就算有禮貌的表現。但在C型人眼中，這算不得上是禮貌。真正的禮貌是，先詢問過對方，而對方同意後再進行溝通，這才是禮貌。C型人生性偏好事先準備、先前知會，不喜歡突然其來的插隊，而且相當重視倫理及禮節文化，對於魯莽行事的人，都會先對其信任感大打折扣。

就好比以前學生時代，進導師辦公室，都要先敲門說聲「報告」，等導師點頭說「進來」那般，當然是不需用這種以下對上的心態，就一句簡單的「請問現在方便說話嗎？」、「請問何時有空討論一下？」當C型人聽到這樣的開場白，內心都會覺得，你是一個懂禮貌、知禮節、有家教之人，自然對你的整體評價就不會太差，溝通的意願和接受度也會比較高一些，對他們來說是一個相當合適的開始。

尤其是對主管老闆或輩分、地位比你高的C型人，溝通前更應該先禮貌詢問，萬萬不可像外國電影那樣直接進入主管辦公室，或是「嘿！傑克，我跟你說喔！」，這絕對會在C型人心裡打一個超大的叉叉。不要覺得這是繁文縟節，也不要覺得這是「假仙」，在C型人的心底，禮節的標準就像孔子曰：「君君、臣臣、父父、子子。」國君要有國君的樣子，臣子要有臣子的樣子，而主動來溝通的人，就要有溝通誠意的樣子，你敬C型人三分，他們必回敬你不少於三分。

讓C型人心服口服的溝通二部曲

給他一個理由而不是話術

客氣的詢問C型人後的二步就是四部曲「禮貌、理由、論點、反問」中的給個理由，C型人是很想知道前因後果的一群人，D型人偏好問：「做這件事的目的是什麼？」，而C型人總想問：「做這件事的原因是什麼？」，那種「這件事對你百利而無一害」、「如果你完成，那主管就會更看重你」，這種空虛的話術對C型人基本上是無用的。

一位總經理跟我分享，過去當部屬時，一次大型專案中，他主管壓抑著情緒但冷靜的問他：「明明總經理及其它部門主管都知道事情都是我們在做，業務經理竟然挑一些小程序來質疑我們辦事能力，為何你不希望我去找總經理解釋那些攻擊和質疑？你給我三個理由！」這位總經理氣定神閒的跟我說，當時是如何說動他的頂頭上司，用冷靜的態度去處理被抹黑的事情。

理由一、就格局面來說：若是大事，那經理你應早被老總叫去詢問和究責了，為何至今老總沒有動作？推論在他眼裡就是件小事，若此時急於解釋，恐淪為口水戰，對於不明白來龍去脈的其它部門，只會覺得我們像是小孩打架，無論輸贏，都被看成是孩子氣，格局何在？贏了對我們部門又有何實質的好處？

理由二、就老總立場考量：若急於解釋，或自家人站出來相挺，老總及其他部門如何看待這事？是這個部門真的好辛苦，我們要替他們平反，還是事出必有因？自家人挺自家人，肯定是做錯事了才會這樣吧！如果老總都不說話，推測他也不想因這小事，搞得公司烏煙瘴氣，如果此事又變成口水戰，豈不是讓老總煩上加煩。經理，應該看過兩兄弟打架後，父母都怎麼處置的。

理由三、就人性來說：依台灣人個性，弱者值得同情，強者莫逞一時。我們在這專案上絕對站得住腳，且成效並非不好，要是我們不解釋，反而道歉，提出改進修正，那老總和其它部門將怎麼看待我們？有多少的藝人、政客被抓住小辮子後，不道歉，反強調自己行得直、做得正，最後被起底，然後被全民唾棄？另一個部門越是指責我們，我們越是謙卑接受，明明是小問題，但另一部門主管卻窮追猛打，請問老總及其它各部主管將怎麼看待經理您和另一個主管？

主管及同仁皆完全冷靜下來，雖然大家多少還有些不滿的情緒，但經理下令，接下來不對外做解釋，都以道歉和盡力改善取代解釋，經理則親自向總經理和對方主管致歉。

口水戰沒有開打，老總更沒有任何的責罰，對方主管也無法繼續指責下去。這件事讓我們和各部門日後共事時，不僅更容易取得協助，之後老總也會把大型專案交給我們部門處理。

其實C型人不是要刻意刁難你，他們的視角經常是3D，三個理由，就有三個角度來看事情，當然簡單的事情，僅需要一個理由，不用搞到每件事都要絞盡腦汁想出三個，當你慢慢練習從2D轉成3D時，你會發現其實C型人沒那麼難溝通，他們只是希望你給他們一個正當的理由。

讓C型人心服口服的溝通三部曲

真相只有一個：「有力的論點」

該有的禮節有了，也給出了理由，是不是可以讓C型人心服口服呢？以C型人的角度來看，不太能算是離溝通目標進了一步，只能說是「沒有退步」。對其他三型人來說，溝通過程是加法，做對一件事，就加一些分上去，說對幾句話，再加一些分上去，態度和善、誠心正意，又再加一些分數上去，只要對方心裡的分數及格，就是一次有效的溝通。

然而對C型人而言，溝通過程恰恰是「減法」，一開始他們會先從一百分算起，沒禮貌先扣十五分，沒給一個合理的理由再扣十五分，要是態度不佳再扣十五分，如果邏輯不通、前後矛盾再扣十五分，毫無證明數據、法條佐證再扣十五分，最後你只剩二十五分，怎麼有辦法及格呢？

那C型人的溝通及格分數是幾分？人比較好的C型人是八十分，很講原則的便是九十分。你現在知道為何C型人不是那麼容易被說服的一群人，因為隨便做錯兩件事，就立馬OUT！但只要多瞭解他們溝通的扣分點，你就會瞭解，原來C型人也不是為了反對而反對的人。

四部曲「禮貌、理由、論點、反問」中的第三步中給出有力的論點，給C型人一些數據、圖表、法條、規章來佐證你的觀點，那他們就不會一直扣你分。我想C型的主管、老闆、廠商、供應商應該是不少見，在職場上C型人都很容易、也很適合擔任品管、稽核、檢驗……把關的角色，所以多半跟C型人溝通時，他們都會很需要一定的佐證才會同意你的提議或看法，否則他們要如何向主管、老闆、公司或其他人交代。

就拿DISC來做舉例，過去剛開始推動DISC時，遇到了很多的質疑和反對，向企業提案更是碰了一鼻子灰，常聽到的反對問題有「DISC我們上過了」、「DISC在台灣已經做爛了」、「很多老師也在教DISC，你們有什麼不同？」、「DISC真的可以實際運用嗎？」、「跟另外一些性格分析工具有什麼不一樣？」、「你們的DISC測驗準嗎？有多準？」、「你們的DISC課程有授權嗎？測驗是有版權的嗎？」、「就二十分鐘有什麼好上的？」、「上過後會不會有反效果？」、「網路資料一堆，我們都自己有在教了」、「DISC在台灣多久了？怎麼都沒聽過？」

說不沮喪是騙人的，曾一度喪失對DISC的信心，當時還想換一個名稱來包裝

DISC，好避開這些質疑，但我不服輸，起碼給自己一個機會，好好研究DISC的過去，看是否能解開這些質疑與反對。這一投入就是三年，買遍DISC相關的書籍，查遍相關文章，只要跟DISC相關的資訊一點都不放過。開始投入測驗研發、寫專欄文章、實務課程研發，直到十多年後的今日，第一本屬於自己的DISC著作上市，只能說感謝所有C型的客戶，因為他們才讓我對DISC如此的專業及熟悉。

會花如此多的精神在研究DISC上，除了感謝推廣時遇到的眾多疑慮外，還要感謝在長庚大學念生技所的那段時光，特別感謝我的指導老師，朱大成副教授，讓我瞭解學術研究的精神與方法，使我在一次次的失敗當中培養出了「研究魂」，把我最低的C型特質做了最紮實的提升。

就像每次介紹DISC就會開始講1928年馬斯頓博士歸納出DISC，1944年美軍開始大量運用DISC，而1977年蓋亞教授研發108題DISC測驗，1995年用DISC測驗實行橫跨六大洲、133個國家、總計五十萬人次的talent smart計畫，這些數字不只是段枯燥乏味的歷史，而是我每堂課必向C型人提出的「有力論點」。

讓C型人心服口服的溝通四部曲

勇於提問，才能治標又治本

與C型人溝通的最後一哩路是四部曲「禮貌、理由、論點、反問」中的反問，要反問什麼？又為何要反問？C型人已經夠難說服了，再反問會不會又一大堆問題？這樣的擔心我完全可以理解。C型人本性多疑慮，並非刻意要找你碴，無論對方是誰，都會這樣去思考對方的溝通要點，然後提出一堆問題，C型人沒有要刁難，只是想弄清楚而已。

長年與C型人打交道，發現如果一個C型人都沒有「提出問題」，那就表示很有問題，可能是不想表態、可能認為提出來也沒多大作用、也有可能是有閒雜人在不方便提問、或覺得對方是個無法溝通的人、亦可能是自覺人微言輕、或等著看對方的好戲，無論是哪一種可能的狀況，其實對於溝通來說，都不會是一件好事。

曾經有一位學員來問我：「老師，我適合開雞排店嗎？」我不是這類專家，只能請他去問高C型的朋友。半年後我遇到這位學員，他跟我說了當時與C型朋友的對話。

學員問：「我要開雞排店，你覺得如何？」

C型朋友反問：「你打算準備多少錢？」

學員答：「五十萬吧。」

C型朋友再問：「你準備開在哪裡？」

學員答：「嗯……西門町吧。」

C型朋友又問：「你打算做店面嗎？租幾坪？要一般店面，還是三角窗？」

學員答：「嗯……」

C型朋友再問：「你要連鎖加盟，還是自創品牌？」

學員答：「嗯……」

C型朋友接著問：「打算請幾個店員？薪水給多少？有加班費嗎？」

學員答：「嗯……」

C型朋友繼續問：「月租金多少？水電瓦斯多少？多久時間回本？」

學員答：「嗯……」

C型朋友最後問：「你要選放山雞，還是飼料雞？雞胸肉要從哪裡進貨？有符合 SGS 檢驗嗎？全台北市最有名的雞排店你都吃過了嗎？」

最後學員洩氣的說：「我不開了。」

不要認為C型人總愛找問題，而是他們總能看出關鍵問題點在哪裡，換個角度想，C型人是在幫你們的溝通目標找出問題點及平衡點，要是他們都不提出問題，那你的觀點不過是顆「未爆彈」而已。

溝通的最後一步向C型人提問，讓他們講出真正的看法，然後彼此進一步討論及溝通，像我跟C型人溝通被打槍或反駁時，我都會追問：「那你怎麼看？」不要急著情緒化，一下就防衛自己的意見，或是跟他們力爭到底。

讓C型人先講講不同意的原因，本身有太多次的經驗，證明C型人就是能看出你的bug，慢慢的去接受他們的論點，反而會覺得「好在有問C型人」，不然帶著盲點去做事，是很容易挖東牆，補西牆的。

實話說，C型人的提問有時真的讓人不敢領教，但當你能轉念，清楚溝通的目標是為了「讓結果更好」，而不是去爭論「誰說的有道理」，便可以用一種更成熟的心態去面對C型人的提問，並理解「C型人的話真的不好聽，但句句中肯。」

進階攻心溝通篇

精準攻心的十六招溝通技巧

不成熟溝通法

D型人 vs D型人

自己	對方
☑D型	☑D型
☐I型	☐I型
☐S型	☐S型
☐C型	☐C型

D型人本身在溝通上就是個極快速，又想把事情解決的人，溝通上難免態度比較剛直，委婉的語氣真的不是他們的強項，要D型人輕聲細語的討論事情，那不如自請閉嘴算了。

一位經理級學員在課程上分享，公司的總經理是典型的D型人，每次開會時，其他人的意見及想法都很容易被打斷或立刻反對，雖然他在開會時總容易堅持己見，不過確實是一位有能力的上司，而且不開會時，也算是個不難相處的人。

我回問這位學員，開會時聽到總經理的提議不是很好或需要補充時，你或其他人都怎樣提出意見及看法？這位學員表示，像上次公司要投放網路行銷廣告時，總經理認為每年三萬的SEO套裝方案，很便宜很划算，就準備找這間網路行銷公司來做廣告投放。

然後這位學員就直接說：「這樣的預算能有這樣的配套優惠，還送免費酒店住宿券，我認為應該不是一間專業網路行銷公司該有的作風，而且我看了方案，有一半都是接觸不到我們目標客戶群的平台或APP，所以可能只是一個促銷的話術而已。」

然後總經理就開始有點大聲的解釋說：「一個月平均花不到兩千的網路行銷要去哪裡找，而且還包含十組關鍵字，任我們隨意選擇及更動，你有更好的方案嗎？」然後我這位學員又直接的反駁說：「去Google自己下SEO也是這樣啊，而且對方有說關鍵字的下法嗎？有解釋每個月還需要多少預算去做這十組關鍵字嗎？一個月的點擊數有上限嗎？我看應該是騙那些不懂的人吧！」

接著總經理就開始臉色難看，跟學員來來回回互相爭辯。總經理想說服部屬，這個方案很優惠，是個不錯的行銷投資，但部屬想說服總經理，就說了這樣的話：「通常做SEO，一個月一萬已經很低了，還兩年才三萬」、「雖然那麼多載體，但這些都是很難倒流量的」、「我去查過，這間公司就是叫業務團狂打行銷電話，根本沒有專業可言」、「還送酒店住宿券，看起來就像是投機客」、「一樣的預算，可以用更有效益的方式去做，不是更好嗎！」

其實這位學員說的沒有錯，從經驗上判斷這個方案的確有風險性，但問題在於她的總經理也是高D型人，溝通時很直接，態度很堅定，但當兩個高D特質的人在溝通時，就像兩台高鐵對撞一樣，經常搞到雙方非死即傷。

如果兩台高鐵非要對撞那該怎麼辦？要嘛緊急煞車，要嘛中間有一塊大海綿做為緩衝。當D型人對D型人溝通時，就需要一句話來緩衝，「我有一個不成熟的想法」，這句話不少人都親身證實過其對D型人，真的具有一種減緩衝突的魔力。

這位經理後來也親自驗證這句話的魔力，他說只要他先講這句話後，總經理的眼神和態勢就會瞬間和緩許多，而更重要的是自己也會因為講了這句話，讓自己想強行說服他人的壓迫感沒那麼強，溝通有句老話：「你強勢對方也會變得強勢、你放鬆對方也會跟著放鬆。」

正襟危坐溝通法

I型人vs D型人

自己	對方
☐ D型	☑ D型
☑ I型	☐ I型
☐ S型	☐ S型
☐ C型	☐ C型

D型人在談論重要的事情時，經常神態嚴肅、不苟言笑，不知其性個的人，在旁一瞥，會覺得氣氛緊繃或高壓籠罩，甚至能感受到一股肅殺之氣迎面而來，但其實這只是D型人在思考及溝通要事的反射表情，其實當他們點一碗剉冰時，是不會目露兇光的啦。

反之I型人天生活潑熱情，喜歡輕鬆愉快、歡樂自在的氛圍，除非人命關天的大事，不然I型人都希望能談笑有鴻儒、溝通無壓力。D型人與I型人的溝通風格差異，導致I型人經常無法在溝通時，取得D型人的認同與信任，導致I型人的溝通順暢度往往偏低，更別說是要說服或影響他們了。

I型人不喜歡場面冷冰冰，喜歡用熱情有趣的方式去破冰，若是在聚會、生日趴上，那自然是很好，但可怕的是I型人竟用波特王的聊天方式去跟D型人溝通。

I型男先輕鬆開場的搭話：「哈囉，美女，問你喔！」
D型女一聽到，臉色一沉回：「幹嘛？」
I型男問說：「最近大家都在夯EMBA，你知道我喜歡哪間學校嗎？」
D型女皺眉回：「不知道，要幹嘛？」
I型男得意的說：「喔！我最喜歡…你的微笑。」
D型女翻了白眼：「吼！」
I型男以爲有效果又再問：「再問你喔！」
D型女不耐煩回：「要幹嘛啦？」
I型男話鋒一轉：「嗯！你臉上有點東西？」
D型女眉頭一皺秒回：「有什麼？」

I型男又得意的說：「有點漂亮，哈哈哈！」

D型女冷眼回：「無聊！」

I型男終於切入正題的說：「好啦，要問你這次專案可以找你一起嗎？」

D型女秒回：「應該沒空，我自己的就忙不完了。」

I型男發起說服攻勢：「我跟你說喔，這次活動很有意思，公司很重視，而且你知道老闆最重視活動現場的那一區嗎？」

D型女疑惑的問：「那一區？」

I型男又得意的說：「不讓你受委屈，哈哈哈！」

D型女嚴肅冷回：「請你不要開玩笑。」

I型男想再炒熱氣氛的接著說：「唉喲！開開玩笑，不要那麼認真嘛！好啦，好啦，一起來玩啦！」

D型女不爽的回：「我沒有在開玩笑，你去找別人！」

I型男內心留下一道深深的傷痕，溝通也以失敗收場，不是I型人的幽默風趣不對，也不是D型人總是潑人一桶冷水。溝通是要看對象的，這就是不瞭解自己和對方性格就去溝通的慘劇。如果這時對方是I型女，我想應該是笑到不行的回，「這個有喔！有撩到喔！有中喔！不錯喔！」，然後後面的溝通就順暢了，但不巧是D型人，那就請別開那些沒意義的玩笑。

I型人要與D型人溝通時，首先要先調整自己過於輕鬆的態度，可以泰然自若、胸有成竹的放鬆，但千萬不要嘻皮笑臉的輕浮，甚至還想用冷笑話、幽默的玩笑讓D型人打開心門，很容易反被擺了一頓臉色。所以對I型人來說，「正襟危坐溝通法」是很必要的，I型人的輕浮，往往會給D型人不可靠的感覺，他們怎麼還會跟你有良好的溝通，要清楚D型人是「變臉高手」，工作正經樣，下班隨便樣，所以端正你的言行、收起你的輕浮是與D型人溝通的最佳捷徑。

S型人vs D型人 打草稿溝通法

自己	對方
☐ D型	☑ D型
☐ I型	☐ I型
☑ S型	☐ S型
☐ C型	☐ C型

D型人天生自信心強，對於事情皆有自我定見，無論身份或位子高低，似乎都不容易改變他們的想法或決定，所以對S型人來說有時連想好好跟他們溝通，都是一件讓人感到辛苦的事。

S型人通常對自己比較沒有自信、生性溫和客氣、不喜與人衝突、溝通時也不會去主導局勢、亦不喜歡強迫他人、常聽從他人意見或詢問看法，S型人這種性格要去跟D型人溝通，就如同乱乱樂一樣，失望總比希望多。

S型人要向D型人達到溝通目標或共識，經常是一件相當有難度的挑戰，因為S型人的思考、說話及反應速度平均僅有D型人的三分之一至二分之一，話沒說一半，就被D型人打斷，甚至還被「反說服」也不是什麼稀奇的事。

S型人要面對D型人的溝通首要原則不是技巧或話術，而是內在的自信，但自信不是一天兩天的事情，尤其是對S型人來說，更是一直想要擁有的特質。記得在我唸研究所時，一位典型高D型特質教授，平時嗓門大、氣場強，修理研究生時有如天崩地裂一樣，其中一位S型研究生每當被轟炸過後，常以淚洗面。一次看S型研究生在教授門外焦慮的踱步，好似要自我激勵一番，再進去跟教授報告，幾分鐘後，教授快步出門，看了他一眼便問：「有事嗎？」那S型研究生抖了一下低聲的回：「沒事」，或許旁人看似好笑，但這就S型人面對D型人時，最殘酷的現實。

那S型人難道除了要花十年，每天對著鏡子自我肯定外，沒別的辦法嗎？自信要花時間磨，但速成的技巧也可以幫助S型人快速掌握如何與D型人溝通，這技巧就是「打草稿」，但這草稿要打的好，要注意幾件事。

第一是把要溝通的重點在紙上條列出來，千萬不要拿著厚厚一疊報告或資料去跟D型人溝通，因為通常S型人在此時容易緊張，一緊張思緒就打結，前一夜早想好的溝通重點或技巧立刻化作一團糨糊，接下來便任憑D型人宰割，隨便一個強勢的說法，就被拒絕或反說服。把想溝通的重點及目標條列出來，到時就不會被D型人打亂溝通的主線及目標。

第二是重點和目標一定要精簡。目標一項，重點至多三項是上限，不用擔心這樣準備會太少，一來D型人沒有太多耐性聽S型人細說從頭，二來S型人能有多少信心可以擋得住D型人強大的主觀意識？就算D型人的強勢打亂你的步調，但只要草稿沒不見，照著重點念，或許可以有扳回局勢的機會。

第三是不用擔心拿草稿，會不會被D型人扣分，此時的草搞，反而會幫S型人加分，因為D型人會看得出來你是有準備的，所以專注在重要的幾點上，才不會讓S型人的信心一下被擊潰，就好比美國隊長的汎合金盾牌一樣，連索爾都打不爆，攻與守都在這一盾之間。

C型人 vs D型人 倒三角溝通法

自己	對方
□ D型	☑ D型
□ I型	□ I型
□ S型	□ S型
☑ C型	□ C型

D型人的思考邏輯及溝通模式經常傾向重點式及直線式，對於複雜的事情喜歡快刀斬亂麻，很不喜歡拖延及瑣碎的作業流程，溝通時亦不偏愛一堆繁文縟節，喜愛直接了當的溝通方式，就像雷神索爾一樣，為了找到洛基，竟然直接劫機，一槌打翻鋼鐵人，一把就洛基拽下飛機，結果呢？搞到跟鋼鐵人大打了一架。

而C型人的思考邏輯與D型人截然不同，偏向系統性思考，而溝通模式常為樹狀式，他們對於一件事情的思考角度往往超過三個，並以一種網狀關係結構去思考。

《大軍師司馬懿》中當曹操發兩道一模一樣的詔書給曹丕及曹植兩個兒子，要他們比誰最快送達軍令時，D型的謀士可能會想，不就是比誰的馬快，或是誰早出發，誰能搶先，誰就能往世子大位再進一步。

但C型的謀士則會去思考，曹操為何這麼做？中間是否會有攔阻？若是曹操的部將前來攔阻，是應當機立斷、殺之硬闖，展現治國之君的霸氣領導才能？還是應該不違父命、不抗君令、不殺無辜將士，依孝講仁才是治國之根本？

因為如此極大的思維差異，導致C型人在溝通時，不小心惹毛了D型人，並不是C型人言之無物，純粹是思考及表達方式不同而已。C型人通常會先把事情的背景交待一遍，解釋來龍去脈，或是彼此之間的關係，這樣才能夠從中提出有利的理由及佐證，以支持自己的論點及看法。

但在整個溝通過程中，D型人只想先知道一件事：「你想討論的重點是什麼？你提出來的結論是什麼？」就D型人而言，他們的聚焦時間很短，比較難耐著性子把一些枝微末節的事情在腦海中跑一遍，只希望從最重要的結果去反推一些重要關鍵，好方便最後做出決定，看是要接受，還是不接受，亦或是雙方各退一步。

此時「倒三角溝通法」就很適合C型人來採用，先把最重要的目標或共識提出來，讓D型人可以清楚的一目瞭然，像是「這次的活動廠商，我提議是否可以更換一下，主要的原因有……」、「經過分析比較後，B方案的性價比最好，所以……」

若是非得先講述背景及前因後果，那也盡可能的把原本十分鐘的前情提要縮短至一分鐘，不然以D型人的個性，前五分鐘他們可能已經有些不耐煩，當情緒一不耐煩，那耳朵及心門也隨之關上。

D型人 vs I型人
Body溝通法

自己	對方
☑D型	☐D型
☐I型	☑I型
☐S型	☐S型
☐C型	☐C型

D型人溝通喜歡快刀斬亂麻，I型人溝通偏好感覺很重要，一個急著想快點把事情解決，一個卻想先互動熱絡一下，再來好好溝通，不同的溝通模式，就很容易會有溝通障礙。

D型人經常以為I型人容易被說服，但其實不然，I型人在D型人面前，往往是口服心不服，只是暫時被D型人的霸氣給鎮住而已，要是這個D型人是有實力的人，那I型人保證服服貼貼的聽話照做，但要是實力普通，那I型人只會虛應故事一下。

無論實力是否堅強，I型人在溝通時很重視彼此的關係，這裡的關係不是指血緣或同事間的一般關係，而是那種感覺合得來的好友。I型人對好友是很在乎的，甚至比親人還親，親人講十句真心話，抵不過麻吉或閨密一句場面話。要透過溝通去影響I型人，我們需要營造一種 Body Body 的感覺。

最常見的D型人與I型人溝通衝突，就是D型爸媽對上I型青少年，I型青少年其實不壞，但在叛逆期時會特別的難溝通和影響。D型父母不管如何威脅利誘、好說歹說，他們很容易情緒化的為了反對而反對。

可仔細觀察，他們對朋友幾乎是言聽必從，明明知道朋友要帶他去做壞事，但他們就是為了挺朋友而去做，明明就知道吸毒不好，但就因為朋友說一起玩才好玩就去吸，平白葬送了自己的將來。

其實I型人算是好溝通的人，沒像D型人自主意識那麼強，也沒像C型人原則性那麼高，但就是D型人那種盛氣凌人又霸道的口氣，讓I型人很抗拒，I型人是很吃麻吉那套的，如果D型人想讓I型人真心接受你的想法，那 Body Body 溝通法是項不錯的選擇。

記得一年協助一個弱勢團體舉辦青少年品格營，有許多家庭有狀況的孩子，其中一位脾氣較差的孩子，在第一晚就爆發了，一直想揍同組的另一個孩子，營隊助教不管如何勸說，都快控制不住他要動手的衝動。

營隊助教向我求助後，我大概可以瞭解為何這孩子想揍人，其實是另一個孩子常常不太配合團隊活動，一直害自己的小隊輸了競賽，我觀察他其實不是那種D型凶狠的角色，而是因為家庭環境狀況而導致脾氣不好的I型小孩。

我把他叫過來，他的眼神依然怒火中燒，內心想説，反正總教練還是要説那種勸他冷靜，不要揍同學之類的話。結果我用類似黑道兄弟的口氣跟他説：「他很XX吼！等一下我們下課給他蓋布袋！揍給他死！」

結果他狂笑，怒氣全消，還抱著肚子笑著回去，當然最後沒有蓋布袋，也沒有人受傷。第二天後他一反臭臉，看到我就開始狂笑，我都用眼神告訴他，那個人要是再白目，我們一起揍死他！如果你是D型人，不要去強迫壓制正在情緒化的I型人，壓的了一時、壓不了一世。已經知道I型人最聽朋友的話，就試著變成他們的朋友，換成朋友的方式説話，他們就會把心打開，邀請你走進他們的世界。

I型人 vs I型人

收斂聚焦溝通法

自己	對方
☐ D型	☐ D型
☑ I型	☑ I型
☐ S型	☐ S型
☐ C型	☐ C型

我將 I 型人的動物行為模式歸類為海豚，聰明活潑、討人喜歡、學習能力快，且幾乎跟人類一樣能彼此溝通，還能組成複雜的群體去解決問題。I 型人的表達能力可說是唱作俱佳，且為人處事也是隨和，不太會去勉強他人，算是好溝通的類型之一。

但當兩個 I 型人湊在一起時，就很容易天南地北的聊個不停，一場會議很容易就會變成同歡的下午茶。課程中我常做一個體驗活動，就是把 DISC 相同類型的學員安排在同一組別，然後設定相同的主題讓 DISC 四型人各自去完成。

每次題目一發布，I 型組就立刻熱烈討論起來，個個手舞足蹈地分享自己的看法，雖然過程中總有意見分歧，但幾乎不太會有衝突，反而會從一個構想延伸出另一個構想，一個創意激發另一個創意，而且肯定是 DISC 四組中歡笑聲最多的一群人。

不過I型組別經常討論到一半，會派一個人來問我：「老師啊，你出的題目是什麼呀？我們笑到都忘記了，哈哈哈哈」，雖然可以預見這狀況，但每次都還是覺得又好氣又好笑。當I型人要跟I型人溝通時，一定要扣緊想溝通的目標與主題，不然話匣子一開，很容易就聊到天涯海角去了。

兩個I型人溝通時最大的問題往往不在於過程，而是在於共識與結論。每次給半小時的主題討論，I型組都會在最後五分鐘才統整共識，而且還要我一直提醒才快馬加鞭的決定結論，主要就是I型人的想法太發散、太有創意，總會把一個小活動搞成一個大節日。

一次課程中，我設定「如何迎接與招待DISC四型超級巨星」，讓DISC四型組別去討論，結果I型組別報告的，竟然不是四種情境，而是只有一種，就是I型人去迎接I型巨星。而且還是用表演的方式，從巨星下飛機鋪紅地毯、美女獻吻獻花圈、乘坐超豪華加長型禮車、到酒店的十二道華麗御膳、頂級手技深層按摩SPA，還有演唱會的場地、燈光、舞群、煙火都規劃下去，甚至還有辦完演唱會的五日遊行程，他們演得很high，不過其他組是看得有點傻眼。

這就是I型人可愛的地方，也是兩個I型人溝通時最常見的結局，所以「收斂距焦溝通法」是很適合兩個或一群I型人採用的方式。設定一個時間，例如半小時，可以把所有想法都寫出來，然後時間一到，一定要停止討論及分享，接著依羅列出來的想法，

逐一收斂聚焦為兩、三個方案，最後再進入討論及決定，如此才能有創意又有結論，否則I型人一開口，可以從外太空聊到內子宮，從凱旋門聊到山地門。

S型人vs I型人
灌迷湯溝通法

自己	對方
☐ D型	☐ D型
☐ I型	☑ I型
☑ S型	☐ S型
☐ C型	☐ C型

在溝通上，當S型人對上I型人確實容易處在下風，I型人思維敏捷、反應靈敏、更有一副三寸不爛之舌，而S型人內心溫和、不善與人爭論，凡遇意見分歧時，總會退一步海闊天空，往往沒影響到I型人，卻反被影響或說服。

雖然S型人不容易說動I型人，但還是可以掌握I型人的內在驅動力去溝通，S型人難以在口才上與I型人一較長短，但可以利用巧妙的「灌迷湯溝通法」來試著說動I型人。

讚美是一種眾所皆知的溝通技巧，但DISC每種人對於讚美的接受度及表達方式也不盡相同，甚至可以說是差異極大，像是C型人對於九成以上的讚美幾乎免疫，甚至會有抗拒的心理，而D型人對於一般性的讚美，也是感受平平，然I型人對於讚美可以說是照單全收。

因此S型人可以採取灌迷湯的讚美攻勢來與I型人溝通，一次社團要舉辦比以往大三倍的尾牙，會議上會D型會長安排I型活動長來擔任主持，結果I型活動長竟以這場活動太盛大，怕自己表現不好而婉拒，在D型會長兩三次的施壓下，依然無法說動I型活動長，搞得自己不高興，I型活動長也面露難色。

然會議休息時，S型秘書長把I型活動長帶到一旁聊天，當時我心想，秘書長那麼溫和，氣場和口條都不如會長，是要怎樣說動活動長啊？一定是打悲情牌，或是哀兵政策，沒想到竟然使用了「灌迷湯溝通法」。

秘書長真是深黯人心的高手，在短短的幾分鐘內用了三種不同層次的讚美語句，相對於會長是用身份及責任感施壓來說，讚美的效果會比施壓來得更好，I型人也會更容易接受你的想法及提議。

回來看這位秘書長用了哪三種不同層次的讚美語句，就像敬酒一樣，如果要灌醉一個人，不要一開始就要對方乾杯，因為對方會感到壓力，更會知道你想灌醉他。

起初要先來個一小口，邊敬酒邊說：「隨意就好」，幾輪後開始加碼，看他酒杯剩一半時，邊乾了半杯酒再邊說：「我乾杯，你隨意」，對方就會跟著你也乾了半杯，最後當他喝到一定程度時就可以說：「我先乾為敬！」然後一直敬酒把對方灌醉。

秘書長所用的讚美方式也是如出一轍，她向I型活動長這樣說：「你之前主持的那場效果很好啊！大家都覺得很 high」、「其實不是只有我們覺得不錯，連主任都覺得你主持的很好，你壓力不用太大啦！」、「說真的要是沒有你來主持，場面肯定會冷到爆，你看我們幾個人真的扛得住嗎？你看會長真的行嗎？」沒想到 I 型活動長在婉拒兩次後，第三次的讚美就露出笑容，欣然接下主持棒。所以提醒 S 型人，面對 I 型人，你不需要說服他，只需要讚美他。

C型人 vs I型人 圈套溝通法

自己	對方
☐ D型	☐ D型
☐ I型	☑ I型
☐ S型	☐ S型
☑ C型	☐ C型

I型人與C型人是最易發生溝通衝突的組合，平均溝通不良率在七成以上，I型講求感覺、不拘泥細節、溝通重視氣氛、常忽略該有的事實及邏輯性。而C型人則是注重合理性及邏輯性、講求條理分明、不喜歡過多的感覺與情緒夾雜其中，因此南轅北轍的溝通風格，剛好激盪出一場冰與火的戰爭。

事實上每當C型人與I型人溝通時，旁觀者都能很明確的看出誰的立論基礎穩固，誰講的有憑有據，但溝通不只講求事實，更重要的是效果，講了一堆道理，結果對方不願意去做，溝通最後的結果還是無效的。就好比家長、老師都能講出一堆鑑古知今的道理，但學生依然在滑手機、打手遊、不愛學習。

要先明白I型人具有擅於辯駁的溝通能力，又是個講究互動感覺的人，直接講道理或事實，有時除了無法與其溝通外，更會引起心理上的反效果，所以「圈套誘導溝通法」應該適合C型人對I型人的溝通策略之一。

孟子友人陳相大力支持農家許行所提出「與民並耕而食」的農派學說，非常反對社會分工，認為分工分層的社會將造就階級與貧富的衝突。孟子自知難以強行說服，但又覺得陳相的想法太過極端，只好委婉的從他的崇拜者許行問起。

孟子問：「許行是自己種菜種稻過生活嗎？」

陳相肯定回答：「是的！」

孟子接著問：「那許行務農的衣物，都是自己織的嗎？」

陳相答：「應該不是。」

孟子又問：「那他務農的農具都是自己造的嗎？」

陳相答：「應該也不是」

孟子再問：「那許行煮飯的器具和房子，也都是自己造的嗎？」

陳相猶豫回答：「應該也不是。」

孟子並問：「那許行爲何不自己織衣物、造農具、做炊具、蓋房子呢？」

陳相猶豫一下才回答：「如果這些都要自己做，那何時才能耕田？」

孟子最後一問陳相：「那衣物、農具、炊具、房子都是怎麼來的？」

陳相答：「都是用作物換來的。」

對話至此，陳相對孟子心悅誠服，知道自己過度把農派學說奉為圭臬，把自己的思維困在了胡同裡，殊不知社會分工是一種必然的文化演進，而孟子也在不爭不辯的對話中，讓友人的觀念不再極度的偏頗。

I型人思考靈活，富有創意，然他們天馬行空的想法總會變成創意滿天飛，落地無人接的結局。所以需要使用「圈套誘導溝通法」一步步將I型人引導到正軌上，像是「這個企劃案你準備花多少錢？那可以獲得多少效益？」、「如果你是參加活動的人，會不會覺得活動很無聊？」、「參加完這個活動，最希望能得到什麼？」、「有類似的活動，下次還會不會參加，會不會推薦給親友？」

每當I型人提出一些天馬行空的想法時，我會盡量用這種溝通語句，去引導出最佳的結論，而不是直接了當的去批評他們提出的點子，或是用經驗去否決他們的提議，如此才能讓I型人接受現實的殘酷，又不傷了他們的自尊心。

D型人vs S型人
深呼吸溝通法

自己	對方
☑D型	☐D型
☐I型	☐I型
☐S型	☑S型
☐C型	☐C型

D型人與S型人是不折不扣的天敵，說是天敵，卻不容易看到他們大張旗鼓的正面對決，這兩型人都是檯面上風平浪靜，檯面下卻互看不順眼，最主要的原因是S型人很不喜歡衝突，只要一感受意見或是情緒上的碰撞，S型人很快就會選擇退讓，小事可坦然接受，遇大事時內心就容易產生消極抵抗的心態，只是他們選擇忍氣吞聲而已。

D型人溝通時氣勢強勁、直指重點、速度飛快，好似時速300km的高鐵，相反的，S型人在D型人眼裡，如同市區的汽車，時走時停，縱使上了高速公路，仍舊只能看著D型人極速地駛離自己，而速度的落差也造成溝通衝突的主因之一。

D型人與S型最大的溝通障礙，就是幾乎沒有溝通的過程，我稱叫「溝通零過程」，很多D型主管對S型部屬都是屬於這類的溝通模式。D型主管問：「這個流程，這樣有沒有問題？」、「這個方案，你覺得如何？」

因為S型人速度比較慢，每次等個大概三、五秒，D型主管就等不及插話：「看來是沒問題，那你就這樣去做，OK！」S型部屬上一題都還來不及回答，D型主管又接著問了一個問題，當S型部屬還在想怎麼回答時，D型主管立刻就下了結論：「好，那就明天中午前給我！」接著D型主管轉身離開，留下S型部屬，有話說不出來。

久而久之D型主管會覺得S型部屬都沒有問題，但實際上S型部屬不是沒有問題，而是D型主管根本沒有給S型部屬機會去回應，而S型部屬內心的OS就是：「算了，每次都這樣」、「就算我講了，也是被反駁」、「你那麼愛講，那就都給你講好了」，最後S型部屬就乾脆直接閉嘴，但他們並不是完全認同D型人的想法或做法，而是懶得抵抗他們那種強迫式溝通。

D型人對S型人要有良好溝通，不在於溝通技巧或話術，因為S型人並不是那麼頑固的人，如果D型人想了解S型人的想法及看法，兩件是很重要，一是心態，二是速度。

心態上，不要總覺S型人什麼都好，而速度上D型人這台高鐵需要減速，才有辦法看見S型人這輛在後面苦苦追趕的小車。而「深呼吸溝通法」就變適合D型人在此時採用，顧名思義就是讓自己大大深呼一口氣，給S型人一些時間消化你所講的事情。

有人常問我，那要等S型人幾秒？你要看對方的S特質有多強烈，短則五秒，長需

二十秒。曾有一位具極高度S型特質的學員，上完三天課後我問了他：「你覺得這三天課如何？」才不過三秒，他老婆就提醒他要回答我的問題。但接下來史上最長最漫長的等待，就這樣開始了，車內的時空像凝結的冰柱，所有人彷彿都快窒息了，整整等待了二十秒，他才緩緩開口說：「還不錯」，這就是S型人的溝通速度。

無論幾秒，深呼吸最重要的功能是讓D型人，在與S型人溝通時不要過於急躁，減緩給予他們的壓力，讓S型人有勇氣可以回應D型人的問題。有時常開玩笑的說：「S型人存在地球最大的功能，就是訓練D型人的耐心。」

I型人 vs S型人 故事溝通法

自己	對方
☐ D型	☐ D型
☑ I型	☐ I型
☐ S型	☑ S型
☐ C型	☐ C型

I型人跟S型人是天生一對的好朋友，都與人為善，不喜歡吵架和衝突，要是真有爭執，都很容易成為和事佬，差別在於I型人是主動積極地與人親近，而S型人是較被動地等待與人友好，所以兩個人湊在一起，可以說是很能愉快相處的組合。

溝通上這兩型人都不太會起衝突或爭執，I型人不像D型人那樣快速直球般的給S型人壓力，也不會像C型人那般冷若冰霜的距離感，而S型人也不會像D型人那樣不給I型人面子，更不像C型人那般狂打臉I型人的邏輯，可以說是好好溝通的完美組合。

話說如此，溝通過程雖然沒有太多衝突，但結論總不如D型人來的有魄力、有格局，也缺乏C型人那般不易出錯的完美規劃，因此我們都需要不同特質的人，來互相補不足之處，互相襯托彼此的特質與優勢。

當然偶爾S型人也會有自我堅持的時候，I型人可以採用「故事溝通法」與S型人平和的溝通。一來不會有強迫的感覺，二來最適合擅長說故事的I型人來使用。

莊子主張道家學派，繼承老子無為而上的思想，一生淡泊名利、清靜無為、順應自然，但卻也家徒四壁。一天實在無糧可過，前往好友家中借米度日，不巧好友正準備收拾行囊，出城辦事及收款，但這一趟就是十天半月的，莊子說明了來意，然好友未能體會莊子的處境，因此向莊子說道：「別說米了，等我這趟回來，給你帶些五穀和魚肉，好唄！」

莊子心想今日家中早已無米，恐怕撐不過三日，更何況是十天半月的，但總不能強迫友人放下著急出門的心情，要是哭訴自身的處境，也會讓友人覺得自己以情逼理。莊子趁友人邊收拾行李之際，聊一下剛來路上遇到的事情，悠閒的對友人說：「剛我在路上突然聽到一陣呼救聲，找了半天，竟然在路邊乾枯的池塘邊發現一條快乾死的小魚，在那呼喊求救。」

那魚兒見我便哀求：「能不能拿桶水帶我到前方的大河，救我一命？」我回：「別說是一桶水了！等我借米完後就去找縣長，請他在大河與池塘間挖出一條水道，如此一來你就可以不用擔心會沒水而乾死了，如何？」

友人這時聽得入神，便問莊子：「後來呢？」莊子悠然的回：「後來我就來你這，借米了。」友人這時才意識到，自己沒有瞭解莊子已到了窮途末路的地步，便放下手邊的事，趕緊去取了一袋米給莊子。最後兩人也互道別離與珍重，誰也沒有強迫誰，誰也沒有委屈誰。

S型人不難溝通或是影響，難在他們是真心接受，還是懶得跟你爭辯，I型人可以用「故事溝通法」透過簡單的寓言或歷史故事，去幫助S型人更理解你的目標及需求，好達成心口合一的共識。

S型人 vs S型人
傾聽支持溝通法

自己	對方
☐ D型	☐ D型
☐ I型	☐ I型
☑ S型	☑ S型
☐ C型	☐ C型

每個人總是喜歡跟自己個性很像的人在一起，但兩個D型人在一起就容易爭的面紅耳赤，兩個I型人在一起就容易樂極生悲，兩個C型人在一起就容易互挑毛病，唯有兩個S型人在一起，那就是天下太平。

多年來，還真不見S型人互相吵架，就算吵也是那種生悶氣的小火苗。聽過一個學員描述他們家的「S人生」，周末起床吃早餐，接著看電視，到了中午吃個午餐，下午兩點回家睡覺，睡起來再看電視，看到晚上準備晚餐，吃完再繼續看電視，看到九點多，然後就寢，這是一個多麼平凡的人生啊！但S型人卻很享受這般平實的生活。

一位S型老爺爺身體出了狀況，醫生說這個刀現在不開，以後發生狀況還是得開，但無論家人怎麼好說歹說，說手術有多安全、醫生有多專業，這位平時溫和、凡事沒太多意見的S型爺爺，卻一直不同意開刀，一直吵著說這是小病，回家自己休息就好。

就在大家都沒辦法時，S型爺爺的兒子問：「爸，你來醫院多久了？」他爸回：「差不多有一個禮拜了」。兒子接著說：「你知道阿福這幾天都吃很少嗎？」他爸開始緊張地問：「阿福怎麼了？是不是生病了？我要回家看牠。」兒子回：「應該是你不在家好幾天，阿福心情不好，我們有跟阿福說，說你開完刀身體好了，就可以快點回家陪牠了。」沒想到爺爺很快就答應開刀，還希望能越快開越好，而這位「阿福」就是爺爺平時最疼愛的狗狗。

S型人天生就是一個很重情感的人，親情、友情、愛情、同袍情，都是他們很在意的事情，所以抓住S型人身邊最在意的人事物，往往就可以找到溝通與影響的關鍵點，很多時候，會改變S型人的關鍵，並不是他們本身自己的想法被轉變，而是為了滿足最親密那個人。

另外，與S型人溝通時，傾聽是非常重要的，當然對每一型人都需要傾聽，當面對S型人，更需要用心去傾聽他們內心的不安與焦慮。S型人本身就屬於最會傾聽的一群人，無論是不滿的情緒，還是受挫、難過的心情，都能慢慢被S型人溫和陪伴的話語所撫平。

所以若是跟另一半吵架，想找人訴苦，盡可能要S型的朋友，才能大事化小，小事化無，S型人都會當個好聽眾，幫你好好清掃內心不滿或失落的心情。S型人互相溝通時，千萬要注意不能只有傾聽，更重要的是溝通的一方，要趁機誘導對方往正面積極的情緒走，不要兩個S型人講著講著、聽著聽著，最後成了團體治療會。

「我瞭解你的辛苦，我們一起努力，再試看看好嗎？」、「這痛苦，我之前也經歷過，我相信你一定可以克服的，我願意陪你一起」、「不用太在乎他們說什麼，你永遠不知道你在別人嘴裡是什麼版本，只要對得起自己，才是最重要的」，S型人內心有滿滿的不安，你的傾聽與支持才能幫助他們順著你的目標前進。

C型人 vs S型人

同理鼓勵溝通法

自己	對方
□ D型	□ D型
□ I型	□ I型
□ S型	☑ S型
☑ C型	□ C型

S型人是情感派的忠實會員，對很多事情的決定，經常是「情感導向」，例如「我這樣說，主管會不會不滿意」、「我那麼晚回家，男友會不會生氣」、「要是我亂買東西，回家會不會被老婆罵」、「我要是不答應，同事會不會討厭我」……，對S型人來說，人與人之間的情感與關係，是很重要的內在驅動力，他們時常在意其他人的心情，而忽略事情結果本身的好壞。

C型人溝通時，講求條理分明，會把事情切割成小細節來溝通，也很偏愛條理式溝通，因此對S型來說，C型人是容易與他們有良好的溝通。唯獨一個時刻，C型人會拿S型人沒有辦法，就是當S型人陷入焦慮或極度沒自信時。

C型人相當擅長分析型的溝通模式，對事情及狀況都可以當下分析出優劣利弊得失，好讓溝通或談判能往預設的目標邁進，但要是遇上S型人的情緒低潮，溝通就不一定能那麼順利了。

一位S型女同學已經跟男友處不好一段時間，想聽聽看好友的看法，就問了C型好友：「我男友只要壓力大時，脾氣就會很不好，對我會很不耐煩，明明就知道我一緊張，就容易出錯，可是平常他還是對我很好、很疼我，你覺得我們適不適合啊？」

C型好友沉默了半刻說：「嗯，好，我瞭解」，接著拿出紙筆並連問了她幾個問題：「你覺得男友的優點有什麼？」、「你男友的缺點還有哪些？」、「你跟他未來畢業後，有哪些機會可以繼續在一起？」、「你覺得你們彼此間最大的威脅有哪些？」

S型女同學邊答邊看C型好友在紙上不斷的紀錄，最後忍不住問她，這樣是要做什麼分析嗎？而且你一直沒回答我，到底適不適合？C型好友遞過紙後，沉著的說：「我已經幫你們做好SWOT分析了。」我覺得你們倆適合度大概落在60%左右，你自己可以再考慮看看。

我不確定這種答案是不是你想要聽的，或許C型人覺得很合理，但是相信S型人現在應該不是想聽這種答案，他們最想聽的應該是，「不會啦，你想多了，情侶都嘛這樣，而且他平時對你也很好不是嗎？應該是最近期中考，壓力太大了，你稍微體諒他一點就好了啦！」

C型人不太習慣去安撫他人情緒，縱使安慰，也會是一種機械式的安慰，沒有太多的溫度，因為C型人本就是理性冷靜的一群人。所以當你想影響或説動S型人時，不一定要科學分析，反而要多同理他們的感受，所以「同理鼓勵溝通法」或許對C型人來説是個不錯的選擇。

S型人很多時候要的不是分析，而是支持與鼓勵，就像S型女同學問的最後一句，「可是平常他還是對我很好、很疼我，你覺得我們適不適合啊？」用心聽就可以聽出弦外之音。

D型人 vs C型人
化簡為繁溝通法

自己	對方
☑D型	☐D型
☐I型	☐I型
☐S型	☐S型
☐C型	☑C型

C型人本身就擁有一顆擅長分析的大腦，對於每一件人事物都會先經由大腦分析過，才會對其下定論，所以C型人是四型人中最不容易被説服的人，因為他們思維縝密，需要有相當的理由才能被説動。

經常會在課程中問全班：「請問台北到高雄要花多少時間？」，不管答案是幾個小時，只要有回答出明確時間的學員，本身內在特質應該與C型人無關。若第一直覺回答的是：「怎麼去？」或「看你坐哪種交通工具」，那應該有很高的機率是屬於C型人，沒有充足的原因或理由，C型人是不會輕易的回答你「是或不是」、「好或不好」。

相反的，D型人的思考速度極快、重視結果、目標導向、不太在乎細微枝節，經常只要一個最重要的理由，就可以大刀闊斧的去幹了。由此可知，以D型人的溝通思維相當不容易說動C型人，加上一個是冒險激進派，一個是風險控管派，溝通衝突絕對有跡可循。

高C型夥伴問：「這次課程包含老師會有幾個人一起過來？」

公司經理回：「加上老師是三位。」

高C型夥伴回應說：「有需要那麼多人嗎？我這邊最多只能補貼兩個人的交通費。」

公司經理解釋說：「因爲課程上要帶一些活動及討論，能否幫忙爭取交通費？謝謝」

高C型夥伴再度回應：「我也可以幫忙，這樣人手應該足夠，費用上眞的有困難。」

眼看這件事有些不是那麼順暢，便在群內發話給這位高C型夥伴……

我留言說：「需要增加人手有三個主因，第一是工作多、避免混亂，三百人以上的課程，哪怕是發個道具，要在短時間完成，實在需要人力，我們都不希望讓客戶看到場面混亂，質疑辦課經驗。」

我接著說：「第二是人力不足，其實你與經理都要跟高階主管交流與互動，只剩我一個人，實在無法一邊弄簡報，一邊放音樂和攝影，若課後還要跟其他高階主管交流，那真的是需要人手處理一些瑣事，若因此混亂，擔心客戶對我們的觀感會不佳。」

最後我說：「第三則是增加宣傳機會，這是這間企業今年第一場業務訓練大會，包括上海、杭州、紹興、崑山等七大據點的中高階主管都會參加，因此增加一位攝影記錄人員，多拍照和攝影，回來後剪輯成短片，對拓展市場的行銷宣傳上，應該是利多於弊。」

沒多久，上海高C型夥伴回了訊息，說會盡全力去爭取，最後確實補助所有人員的來回機票。事實上C型人不是不好溝通，他們需要你透露更多的細節，才能證明你的說法及想法是可行或是有必要的。，因此D型人需要「化簡為繁溝通法」，不只給C型人一個重點，也要解釋相關細節的原因及利弊，否則一兩個重點和幾句話，聽在C型人耳裡，往往不是有力的證明，而是理由不足的說詞。

I型人 vs C型人 打對折溝通法

自己	對方
☐ D型	☐ D型
☑ I型	☐ I型
☐ S型	☐ S型
☐ C型	☑ C型

I型人與C型人在溝通上都算得上是一方高手，但屬於完全不同歌路的歌手，I型人的溝通模式就像周杰倫的歌路一樣，創新創意、變化多端、時而輕快、時而憂鬱、時而嘻哈風、時而中國風。而C型人的溝通模式就像小哥費玉清一般，清新簡單、乾淨優美、緩緩上升的節奏、濃而不膩的情感。

如果兩人分開各自唱就會擄獲兩種不同屬性歌迷的心，如果合著唱就是一首收服千萬人的「千里之外」。然而溝通與歌唱不同的是，溝通是一來一往的交流，可以算是一場攻防戰，一方希望説服或影響另一方，另一方則想抵禦説服的攻勢，尤其是截然不同的兩種溝通風格，更容易引起意見分歧與爭執。

C型人最不愛那種I型人搞熱絡、閒聊中談事情邊吃邊喝、無比歡樂的溝通方式，偏偏I型人也最無法展現C型人那種一板一眼、只講事情、不重氣氛、專挑細節的樣子，兩型人剛好是一冷一熱的「溝通冤家」。

I型人想要影響或說動C型人，可以說是十六種溝通組合中最困難的情境，在C型人眼底，光是I型人活潑的語調、誇張形容詞、前後不一致的說詞，就足以讓C型人扣一百分，更何況要說動他們。

「打對折溝通法」真的是我累積十年的溝通心法，我在生活上是個不折不扣的I型人，而我的母親是個C型特質很高的人。幾年前每當我去外地授課，順道買名產或點心回來他時，我總是把當地名產形容的天花亂墜，「這個番茄是學員送的，要排兩個月才拿得到」、「這個花生醬現在團購超夯的，假日要買還要排隊人擠人」、「這個在苗栗超有名的，一大袋才不到一千塊」、「這個布丁甜而不膩、嫩而不水，有錢都買不到」……。

但每一次，東西入嘴後，換來的評語都是：「還好」、「那麼普通」、「也沒什麼」、「這我才不會去排隊」、「吃名的而已」大家趨之若鶩的美食特產，在我媽眼裡卻僅是平凡無奇之物。

後來我想了「打對折溝通法」來試試看，一次上完課拿了花生回來，就平淡的跟媽媽說：「宜蘭的花生，普通。」我媽吃了竟然說：「不錯喔！」經過幾次反覆實驗後得出，「我熱情地形容，她評價就下降　；我平淡地述說，她評價就上升」，耗時多月終於歸納出C型人在溝通時，對於熱切的態度及浮誇的形容詞有著強烈的抗拒心理。

所以I型人想要順利地跟C型人溝通，有兩個部份起碼都要遵循「打對折」的原則，一是你的「表達狀態」，平時的熱情打個五折，就會比較接近C型人可承受的範圍。二是你使用的「形容詞等級」，像是「宇宙、霹靂、無敵、超級」，也要打個五折，改說「還不錯、還OK、中中左右、普普」，就會比較接近C型人可接受的標準。殘忍的對I型人說，你鬥不過C型人的高標準與縝密的邏輯，但起碼不要一開口，就讓他們拒你於千里之外。

S型人vs C型人三句話溝通法

C型人與S型人的說話方式有許多相似的地方，說話都介於是中速與慢速率之間，聲音也屬於偏輕柔，絕不會大聲咆哮或是放聲大笑，需要仔細觀察兩者間的語態、眼神及肢體語言，才能清楚的分辨其中的差異。最簡單的判斷方式，就是S型人的語氣會較溫和、讓人沒有壓力，而C型人的口吻則是較理性且有氣質。

C型顧客通常算是比較不容易溝通的對象，主因不是他們脾氣暴躁，或是刻意刁難服務人員，而是他們本身對於產品、服務的要求會比較高，加上敏銳的頭腦，就容易在細節上打轉，導致許多客服人員在面對C型顧客時相當頭疼。

DISC四型人中，最能應對C型顧客的就屬S型的客服人員，因S型人溝通時，最大的優點就是有耐心，當面對重視小細節的C型顧客，S型人總是能心平氣和的解釋與說

自己	對方
☐ D型	☐ D型
☐ I型	☐ I型
☑ S型	☐ S型
☐ C型	☑ C型

明，而且客氣及溫和的態度，是C型顧客最喜好的溝通方式。

雖在整體態度上C型容易接受S型人的服務，但有一點是S型人需注意的地方，就是溝通時容易拖泥帶水，雖說C型人的整體速度不及D型及I型人，但思考速度卻是最快的，所以也相當在乎溝通時的「關鍵點」。

然而S型人在溝通時，容易有一種「戲說台灣」的情況出現，就是會把整個事件的來龍去脈交待的很清楚，尤其會花時間在解釋人物關係及互動情況，太過瑣碎的環節及過程，也是C型人不太喜歡的溝通方式。

一次EMBA的會議報告上，一位S型學長在說明商管個案競賽的規則時，另一位學姐提問：「請問隊呼競賽時，能否使用鼓棒、鈴鼓等道具？」S型學長答：「這個問題其實之前很多系都來問過，上一屆在舉辦時也有講過，不過後來不知道是不是公佈流程上有問題……，後來有一些隊伍有使用道具，我們也問了很多學長姐，之前某學長有跟我們說，這個隊呼主要在展現團隊的氣勢，如果使用道具可能……，我們還是秉持整個活動最初的精神……，所以不能使用任何道具，不過……」

老實說，我在下面都聽到快耐不住性子了，才得到了「不行」的結論，然後C型學姐再提問：「那使用會怎樣嗎？」然後S型學長又開始回答說：「這件事情之前……，上一屆……師長也建議……」終於又得道一個結論，就是「會扣分」。

我想跟S型人說，細節很重要沒錯，但來龍去脈只要自己知道就好，除非對方問起

了細節。「三句話溝通法」就是把整個故事濃縮成三句話，「基於公平原則，禁止使用任何道具，若違反規則依情況扣總分」。要知道C型人是一群「管你媽媽嫁給誰」的人，他想知道過去、現在、未來，但又不像D型人只想要最後的結局，所以多訓練自己，用三句話來總結一件事，「依照年初會議決定，僅能使用無聲道具，若使用發出聲響之道具，評審將會斟酌扣分」如此C型人才會覺得你的溝通方式兼具條理及邏輯。

C型人 vs C型人

T字整合溝通法

自己	對方
□ D型	□ D型
□ I型	□ I型
□ S型	□ S型
☑ C型	☑ C型

如果兩個D型人的溝通是「拳擊賽」，那兩個C型人的溝通就是「辯論賽」，兩個都是思維邏輯強、擅長分析的C型人要互相溝通，要嘛是一說就通，要嘛就是唇槍舌戰，譬如《奇葩說》就是一個很能體現C型人溝通的一個綜藝性辯論節目。

雙方的論點都強而有力，一方論點是「情侶吵架，男生先道歉，可以降低彼此情緒點，且讓溝通能更省時、更省力」，而另一方的論點則是「情侶吵架，男生不應該先道歉，因為愛情不應該凡事委曲求全，久了只會失去愛情的平衡。」兩方論證都對，也都沒錯，但就很難有個定論。

兩個C型人溝通最容易出現的障礙不是一個有理，一個無理，而是兩個都非常有理，而且手上都握有事實、數據及證據。要影響及說動C型人有兩種方式，一是你的邏輯思維要比對方更強，他想三步、你要想五步、他想五步，你就要想十步，但溝通不是辯論賽，除非有必要，不然「T字合併溝通法」或許是一種不錯的選擇。

C型人在意見對立時，特別不容易放下身段及自己的論點，要知道C型人的內在自尊心也是不輸D型人的，只是D型人容易爆發出來，但C型人是那種「你傷我一寸，改日我捅你一刀」的路線。所以面對C型人時，很需要一方先稍微放下一點身段先說：「不然這樣好了，我們把彼此的想法都列出來討論看看，好嗎？」，當有台階可以下時，C型人也是不太會繼續堅持留在尷尬的競賽擂台上。

接著使用T字表，在各自紙上劃出一個，左邊寫上自己方案或想法的優勢，右邊則寫上弱勢。有人會問，那對方不寫弱勢怎麼辦，基本上C型人不會不寫，他們很清楚自己所提的弱勢有哪些，寫不出來的應該是其他三型人，D型人是不喜歡讓人知道自己弱點，I型人是自我感覺良好，S型人是自動投降，所以這種方式真的較適合兩個都是C型的人使用。

T字表列出後，一來方便聚焦主題，二來好讓雙方釐清彼此論點，三來可以用更理性的角度來討論，所以提出此方法的C型人，千萬不可隱藏弱勢，這會導致對方強烈的不信任感，畢竟都具有高敏銳度的C型人。

當寫完後，互相攤開進行第二階段的「整合」，就是互相討論看能否把彼此的優勢結合，及彌補彼此的弱項，如此才能避開爭輸贏的零和遊戲，我在很多會議及溝通場合，都會在內心採用T字表法，如此便能清楚的看出各方意見的優缺，最後整合出一個最佳方案。

看過不少C型人溝通破局，都是因為沒有一方願意先放下身段，然後找一個台階一起下，最後搞到彼此猜忌，互相攻擊對方的弱點，就為了證明自己是對的，如同法庭上的律師一樣，很多時候C型人都必須提醒自己，「溝通不是在比輸贏，而是討論出彼此該如何雙贏。」

人物專訪篇（依姓氏筆畫排序）

DISC實務運用與經驗分享

最大的敵人就是看不清自己的盲點

蔡緯昱 × 米其林一星大三元酒樓董事總經理 吳東璿

2018年三月鋪天蓋地的餐飲界大事，世界美食聖經《米其林指南》公佈了首屆《米其林指南臺北》，總計二十家知名餐廳摘星，擁有半世紀歷史的老字號「大三元酒樓」也實至名歸的摘下米其林一星這份殊榮。而吳東璿總經理便是大三元酒樓的第三代經營者，但他不因接下老字號酒店而感到安逸，反而戰戰兢兢地為老字號謀新出路，有著一顆浪漫又堅毅的創業魂。

認識吳總經理在十年前，當時他與邱靜惠董事長，也就是他的母親，在經營管理上有很多的衝突，如同許多企業交棒問題一樣，一位是二十多歲剛從英國拿到MBA回來的「造夢人」，另一位則是掌管三十年酒樓的「掌門人」，一個看重行銷、包裝與品牌，期待放眼未來，另一位則講究實力、人情與文化才使得老字號酒店屹立至今。兩種不同視角，卻是分歧與衝突的開始。

吳總經理感性的說：「過去沒學過DISC，加上年輕氣盛，想一展長才，只要意見不合就表達想法，甚至用威脅的方式去溝通，火藥味經常彌漫在辦公室裡。」，甚是還會對母親說：「不是這個員工走，就是我走，你自己決定好了！」回想當時真是不應該，但這種戲碼又經常上演。

學習DISC後真的改善了很多，原來兩代經營者都是高度D型人，直來直往、急躁的脾氣，加上又是家人，什麼話都指著對方的鼻子說，討論到最後都變成爭執，沒有人願意放下身段，心平氣和的溝通，留下的都是不爽與指責。吳總經理認真的說：「學習 DISC 之後，除了協調自己與家人在職場的溝通衝突外，也檢視出自己性格上的障礙，開始明白過去的餐飲夢為何都相繼落空。」

他接著說：「就是自己的 C 型特質不夠，總想一步登天，為家族揚眉吐氣。一直以來，只想做些不一樣的事情，又不想複製他人經驗，但一味追求創新，反而沒有想清楚市場、環境、文化以及消費習慣的不同，導致好幾次開店都鎩羽而歸。」吳東璿語重心長地說：「人最大的敵人，就是看不清自己的盲點，但 DISC 讓我清醒了過來，知道該是改變的時候了。」

2017 年底，吳東璿銜著五十年金字招牌踏出台灣，進軍日本，在福岡設立「DAISANGEN 大三元」，他帶著母親務實的精神與過去的創業經驗，以火鳳凰之姿，開展大三元新的一頁。進駐百貨商場，還增加小籠包、珍珠奶茶，連福岡市長高島宗一郎都在個人臉書上大力推薦，每天都吸引大批饕客前往朝聖。

成功總有關鍵，吳總經理把 DISC 放入廚師管理中，他發現日本廚師的特質偏 SC 型，幾乎按部就班照著所教導的 SOP 做，不會多一步，也不會少一步，服從性和耐受性特別的好，對初期接受基本訓練的廚師來說是很好掌控的，但要進一步成為高階廚師，就容易遇到瓶頸。

相對的，台灣廚師的特質偏 DI 型，容易有自己的想法，照 SOP 流程的訓練上容易產生問題，且年輕廚師的服從性及抗壓性也較弱，所以在溝通上不比日本廚師，更需要彈性及技巧，儘可能不要硬碰硬，可是相對較容易訓練出高階廚師。

我接觸過許多企業二代、三代，在外人眼中看來都是「含著金湯匙」的人生勝利組，但其實要含這枝金湯匙，也不件輕鬆的事。是家人，還是主管？是人情，還是包袱？是開拓，還是風險？一場訪談下來，我看到吳東璿的身上不止是接棒的成功，更是自我的淬煉。

DISC是輔助你，而不是限制你，內化才能跳出框架

蔡緯昱 × 中國最大綜合射擊場突擊聯盟總經理 李玉萍

有一家企業的員工很特別，不是武警出身，就是特種部隊，這間企業占地近八萬平方米，還被政府列為國家 AAA 級景區及國防教育基金會授牌基地，這間企業就是中國最大綜合性射擊場「突擊聯盟」。

初見突擊聯盟李玉萍總經理時，我感到相當訝異，她根本是槍林彈雨射擊圈中的一點紅，個頭雖小，氣場卻不輸特種部隊出身的射擊教練，但待人接物卻又如此親切與熱情，讓我對這間充滿陽剛氣息的企業，有了非常好的印象，匆匆幾趟行程，彼此卻交流了不少兩岸的管理與文化經驗。

李總經理說：「學習 DISC 後，個人最大的體悟，就是可以更加客觀去評價一個人。」她坦言自己有些強迫症性格，通常看人第一眼過，就會在心裡作出評價，但現在會用更長的時間去觀察，讓自己在各種場合的人際關係上更顯圓融。」

在 DISC 培訓後，李總經理開始定期觀察自己及員工的 DISC 變化，發現 DISC 是「動態表現」，不同工作崗位與壓力狀態，DISC 都會有不一樣的呈現。這也是在第二篇「科學研究篇」中強調的 DISC 四大特性，學習 DISC 的人千萬不可把自己及任何人「標籤化」，而是要多聽、多觀察、多思考，讓 DISC 輔助你，而不是限制你。

李總經理用「心理醫生」來比喻 DISC，每隔一段時間施測一次，就好像為自己作了一次「心理體檢」一樣。當然這只是一種比喻，心理醫生的專業

程度遠大於DISC，但我覺得她的比喻很貼切，DISC的上升或是下降對於受測者都代表著不同的意義與反應，像是從變化中可推測出，這位受測者是否有轉職的想法？是否還在調適期？是否正處於低潮狀態？或是否在工作上有完全的發揮？

我們聊到不只個人所獲，有一年突擊聯盟的年度盛會上，李總經理想從公司的職員中找出四位主持人，本想找在銷售崗位突出的業務來擔任，她認為銷售做的好，肯定是能言善道、活潑有趣的I型人，結果試用時卻發現在舞臺上的表現不如預期，著實讓她感到苦惱。

後來改變策略，她去觀察在自然條件下具有I特質的人，而非銷售成績突出的人，結果年會上個個表現的可圈可點，不但發揮個人魅力，還把現場氣氛炒到最高點。李總經理這才體會到原來DISC不只是一個測驗報告，更是生活中、工作上最真實的驗證。

李總經理認真地說：「DISC課程剛結束便馬上跟人資主管研究討論在招募上的應用，日後招募新人時，也會讓其做DISC測驗，但不會將施測結果當成選才的唯一標準，而是成為重要的輔助資訊。此外，對於我們在操作團隊凝聚時，起了很大的作用，譬如太悶的團隊，就會加些I型人進去，動力較低的團隊，就會加些D型人進去，不用多久效果就會慢慢浮現。」

長期觀察下來，不可諱言的說，其實很多人對DISC的瞭解是很表面的，做過幾分鐘的測驗，講一下幾個特質，好玩有趣之後，就什麼都沒有了，最糟的是被拿來貼標籤、自我設限、甚至評論他人。很多時候聽到這些負面聲音，除了可惜外，更想藉由分享不同產業、職務或背景的學員們親身實證來扭轉這些誤解，讓更多人知道，不是DISC本身有問題，而是我們是否能用健康的觀念與心態，去看待學習DISC的本質。

我希望接觸過DISC的人能跟李總經理一樣，不被測驗報告限制住，不被過去的思維箝制住，而是內化與整合DISC於生活與工作中，這才是學習DISC最重要的精神與目標。

善用DISC經營顧客，就像釀造美酒一樣

蔡緯昱 × 中國人壽三年A標區經理 邱俊傑

多年的學員中有為數不少的銷售從業人員，從科技業到房仲業，從生技業到保險業，包含連鎖電信門市、百貨專櫃……都充滿了銷售的影子。長年講授銷售課程，其實很容易能從一個人身上聞出「業務味」，尤其是像壽險這類難度較高的行業。

但卻有一位銷售贏家讓我在他身上聞不出「業務味」，他就是中國人壽的邱俊傑經理，二十五歲便快速升上了區經理，年薪兩百五十萬，且相較於全台八百位平均四年晉升的區經理，硬是快了一年，而且還上過商周、30雜誌的專訪。

邱經理不只專業，更重要的是他在銷售戰場上發現，「懂顧客的心」是最重要的成功關鍵。他說：「一開始在與客互動的過程中，必須花很多時間尋找顧客的需求、與其培養關係及信賴，雖然最後多數還是會成交，但卻一直苦思是否能縮短這個過程，直到學習了DISC之後，開始能快速拉進距離，並準確抓地住顧客的需求，跟過去相比，平均成交速度跟之前相比快了三分之一。」

邱經理表示，這幾年能很快掌握顧客的DISC特質，以擬訂經營及銷售策略，像是D型潛在顧客，不少中高階主管及老闆都是屬於此類型，他們很不喜歡業務員囉哩叭唆的亂槍打鳥推銷，而且因為工作經驗豐富，所以很清楚業務員的推銷招式，要不是關係很好，或是產品很吸引他們，否則D型潛在顧客是很容易轉身就走的客群。

而I型潛在顧客，你很容易跟他們打成一片，但僅止於此，要是太快露出推銷意圖，讓I型人一察覺到就會開始疏遠你，不過他們喜歡交朋友，若你是個有趣的人，他們還是很歡迎你的。根據邱經理的經驗，在遇到I型潛在顧客時，會先用吃喝玩樂去建立第一層關係，美食、展覽、踏青、品酒……各項休閒活動，都是可以拉近彼此距離的媒介，只要他們覺得你不是個討人厭的業務員，那不用多久他們便會關心你的工作及產品，只要經營的好，這類型顧客縱使沒成交，也會熱心地轉介顧客給你。

再者S型潛在顧客，有時候真的是需要多點耐心的類型，他們為人善良又客氣，但實在是話不多，與他們互動時，需要找很多的話題，不然就是一起參與活動，以展開話題點。基本上他們對產品不會有太多的疑慮，只是猶豫期比較長，因為S型顧客多會徵詢家人意見，如果你讓S型顧客感受到你只是個「生意人」，那他們很容易就會默默地離開，多給他們一點時間考慮，S型人通常會是最忠實的顧客。

最後，C型潛在顧客也是讓邱經理感到最頭疼的顧客類型，不容易在短時間跟他們親近或拉近關係，無論用哪種方式，他們總是很理性、很清楚的在分析你這個人及產品。他們不會因為跟你關係比較好，就什麼都跟你買。C型顧客會分析同類型商品，比較CP值之後才會做出決定，過程中他們非常在意資料的完整性，並且會自己認真研究，每回遇到這類型顧客，來回五、六趟的說明是基本的，對他們而言，關係只是塊敲門磚，你的專業及商品內容才是成交的關鍵。

銷售其實就是與顧客交心，邱經理近年走進品酒圈，用品味與顧客交心，他常跟我分享：「紅酒香味占七成，分天、地、人三層、天為氣候、地為土壤、人則是釀酒師。」天氣與土壤就是顧客的喜好與需求，釀酒師則需要瞭解不同產地的葡萄，才能釀出一杯令人回味的美酒，而善用DISC去經營顧客也是一樣的道理。

輔導只是開始，行動才能幫助學生找到感動

蔡緯昱 × 新北國中教師暨績優中輟生輔導組長 洪秉浤

老師，我是哪一型的？以後唸什麼科系好？未來適合做什麼工作？」除了好奇詢問聲不斷，還有同學彼此開心的分享，這是洪秉浤老師下課時，學生的經常反應。被他教過的學生，絕大多數都經歷過 DISC 的洗禮，因為他知道 DISC 有可能改變某位學生的一生。洪老師說：「自己就是那個被改變的學生，因位曾經被 DISC 的學習感動過，所以希望讓更多學生找到自我天賦，走出自己的一片天。」

洪老師提到自己數年的輔導生涯，發現所謂的八加九、高關懷及中輟學生，比較屬於青春期常見的高風險族群，常會有類似的行為表現，像是「無法控制憤怒情緒」、「較難遵守規矩」、「喜好挑戰學校常規」、「較難聽取他人意見」、「遇到對立時，傾向用激烈言語及肢體動作解決」、「對社會規範有強烈排斥感」、「對不熟的人有強烈防禦心」……。

洪老師表示：「這樣的行為，往往不如表面看到的這麼單純，學習 DISC 讓我可以有更健全的心理準備及理解對方想法的能力，當學生在情緒不受控、行為不合作或挑釁時，能快速預測他們的心理狀態，幫助自己更好的去處理學生的狀況。」

洪老師跟我分享一個相當難處理的國中學生個案，抽菸、喝酒、打架、鬧事、翹課對這位學生來說是稀鬆平常的事，有好幾次都直接跟導師、教官、主任對罵，最嚴重的一次激烈衝突後，該生打

算叫校外的朋友來學校「處理」老師。當洪老師前往關心時，教官認為有必要求助警方到校協助，避免師生衝突擴大，但洪老師因瞭解這位學生屬於直接且情緒起伏大的D型人，所以與學校討論後，暫緩聯繫警察並立刻將學生帶離現場。

洪老師清楚D型人在憤怒的情緒上來時，無法冷靜對待眼前的人，更何況對這位學生而言，對方是積怨已久的師長和教官。當時洪老師帶學生去校園角落走走，聽他發洩滿肚子怒氣，像是學校如何不公不義、老師如何找他麻煩、在家是如何的不快樂……，洪老師心中清楚知道D型人情緒來的快、去的也快，更重要的是理解這樣激烈的行為，背後其實是D型學生表達不滿的一種方式，跟他們硬碰硬，只會兩敗俱傷而已。

DISC對於洪老師來說，不只是處理學生問題的利器，更是落實「預防勝於治療」的觀念。不僅在課堂中不遺餘力讓學生認識與學習DISC，連學校老師的研習課程，都大力分享DISC在教學與輔導上的實務經驗，讓老師們在教學及處理學生的互動上能有另一種選擇。

像是有一種學生常被老師忽略，這類學生在班上沉默寡言、不熱衷與同學互動、習慣與人保持距離、人際關係相對欠佳、對於老師的關心也經常是冷淡的回應，這類學生容易成為被班上邊緣化的族群。洪老師解釋著說：「這類學生不會是麻煩製造者，甚至成績都能保持一定的水準，但實際上這類學生是有人際關係上的煩惱，以DISC的角度來看，他們只是相當早熟的C型人而已。」

洪老師自述在高中求學階段時，從參加了青少年當隊並學習DISC到出了社會後，一路上其實有許多的職涯選擇，但最終選擇走上教育這條路，不是因為穩定的薪水，或是家中與社會的期待，而是希望把當初的感動傳遞給學生並幫助他們找到自我突破的動力。我很認同洪老師秉持的教育理念，就是「希望幫助學生找到自己的天賦，理解並全力發揮，找到快樂與感動的人生！」

DISC讓我管理更輕鬆，而不是越管越累

商業電視台是一個速度飛快又壓力極大的工作環境，一早決定好議題和行程，接著動身前往訪談者所在地點，十一點左右趕回電視台，要在短短幾十分鐘內，寫完稿、過完音、剪好帶子，然後準時上十二點的午間新聞。

新聞業沒有休息，每一天都在挑戰個人極限，每一天都在壓力下成長，也因如此，初進媒體圈的記者，都是關關難過關關過，熬不過的新鮮人大有人在，但陳昭仁副理所帶領的社會組記者，平均定著率和穩定度都堪稱業界水準之上。

陳副理說：「過去的自己似乎只會用傳統的獎懲管理方式，做的好就給獎勵，做不好就是懲罰。有壓力事情才會有效率的管理觀念，這麼多年來

蔡緯昱 × TVBS新聞部採訪中心副理陳昭仁

也算有用，只是人心總沒應那麼穩定。」

陳副理表示說：「學習DISC後，很快可以運用在領導管理上，也終於明白原來每個人是不同的性格組合而成，且每個人內心想要的東西都不一樣，實質獎勵在領導上，或許效果不錯，但真的不是萬靈丹，也瞭解領導溝通不能只有一套，而是要學會因人而異進行調整。」

陳副理分享後來管理及溝通上的轉變，尤其對D型人，去跟他硬碰硬，效果不會比較好，現在知道D型人好面子，且個性好強。加上自己也是DC型特質的人，為了避免情緒的碰撞，和顧全D型部屬顏面，只要有問題就拉到一旁，先私下理性溝通，瞭解事情的前因後果之後，再討論如何

解決眼前問題。

另外，陳副理說：「I型人的個性讓他感到相當意外，因為自身是個不太愛被讚美的DC型人，總認為事情做好本來就是應該，何需讚美，但沒想到I型人其實是很需要被讚美及肯定的類型。」

但DISC讓他深刻瞭解到，I型人喜歡讚美別人，也喜歡被人讚美，所以面對I型部屬，陳副理會開始試著肯定他們。當然一開始有些部屬會覺得主管是不是吃錯藥了，但繼續執行下去後，I型部屬的辦事效率果真有被提升起來。

問到如何面對S型部屬時，陳副理表示：「之前真的有點欲哭無淚，在這麼高速、高壓、高競爭的環境下，動作怎麼可以這麼慢？不過後來瞭解S型人就是需要比較多的時間和準備，所以會派資深同仁多花一點時間指導他們，畢竟S型人的工作態度和意願都很好。」況且，就像蔡老師講的：「學DISC是要讓管理更輕鬆，而不是越管越累。」而且透過DISC調整後的管理模式，讓部屬效率穩定提升外，團隊的穩定度也一併提升了。

我本以為陳副理上完DISC課程之後，僅會推薦其他朋友來上，沒想到前後邀約了我三次去幫媒體朋友上課。雖然都是自掏腰包，但他說：「人才是值得投資的，更何況老師教的，他們比較聽得下去。」

我真心佩服陳副理的一點是，他願意面對自己的管理盲點。少數人上完DISC課程之後，不願正視自身盲點，總找一個「自我保護」的藉口，還告訴別人說：「我就是這種人，現在你知道了吧！我脾氣差是正常的，所以我不用改」。

但他透過實踐DISC讓自己與周遭的人更好，據他身邊的朋友透露，DISC這門課程應該是他這輩子最認真上的課程了，講義中寫了滿滿的筆記，課後也不時翻閱，看如何應用在工作上。陳副理語重心長的說：「人不一定要改變，但一定要成長！」

做一個更好的自己，就是給孩子最好的人生禮物

蔡緯昱 × 菲力兒童文教校務總監 陳柏健

大型的舞台、絢麗的燈光、振奮的音樂、可愛的舞蹈，還有正式畢業服和畢業致詞，但整場最重要的是畢業生與家人溫暖的擁抱和淚水，這不是大學畢業典禮，而是菲力兒童文教的年度大盛事「幼兒園畢業禮讚」。

看到菲力兒童文教一年一度的畢業禮讚影片，每部都讓我感動在心頭，他們對孩子的用心與真心是最難能可貴的地方。而這一次次精彩活動的幕後推手之一，就是校務陳柏健總監。

陳總監表示：「DISC確實是一項很實用的人格分析系統，過去經常會用自己的經驗及感覺去對一個人下定論，內心總有一把尺在衡量著眼前的人。工作過程中，或多或少都有些偏見存在，雖然總能優雅的隱藏起來，但其實內心只是在忍耐，並沒有真正去理解背後的原因，經過DISC的學習後才瞭解，原來我不喜歡的行為，只是因為我們不是同一型人而已。」

陳總監表示，學習DISC的收穫之一便是「開始試著用一種更客觀的角度去看待他人，而不是評論或批評。」陳總監的經歷就好像當初自己最不喜歡C型人，總是冷落冰霜、冷眼旁觀、冷漠無情，就像冷血動物一樣。而D型人，脾氣暴躁、性格急躁、態度剛直，時至今日我的工作狀態卻是DC型特質的人。其實性格沒有好壞對錯，但人就是很容易一眼不喜歡跟自己差太多的人相處，也就是所謂的「Key不合」或「頻率不對」。

訪談過程中，我沒想到當時陳總監接受DISC的原因之一，竟是來自DISC的歷史背景及研究基礎，也就是本書第二篇「科學研究篇」的內容，讓他覺得這是一個具有嚴謹架構的性格分析工具，而不只是個人的一種經驗談而已。另外，陳總監表示，DISC在經營管理上有兩個部份對他很有幫助，一是內部團隊工作的安排與人才調度，像是要遴選出一位專案的總召，過去除了依據管理階層的經驗及感覺進行判斷外，現在還多了一項客觀的DISC數據分析。

第二則是我們對於家長的應對與服務，也起了相當的效果，老師們學習DISC後，進行做個案討論時，都會從家長的DISC分析出發，以聚焦問題及應對方式。譬如DC型家長通常很認同學校，但會很關切學校為學生做了哪些中長期計畫，小孩才三年級，就已經在問六年級的銜接計畫。

陳總監繼續分享說：「I型的家長，幾乎都很關心孩子在學校開不開心、快不快樂，若是碰上同是I型的班導師，那可是有聊不完的孩子經。S型的家長最認同教育理念與價值，多元智能發展與正向思維，只是有時候會比較保護孩子，常擔心孩子的安全狀況。而C型的家長則偏重教學環境、師資、軟硬體設備、教學理論及課程架構。」

從陳總監的經驗談中，觀察到除了將DISC帶進團隊外，也讓DISC在企業中成為一種「共同語言」，以落實在校務管理與執行上。他說：「現在我們很清楚了，如果家長是I型的，就請I型的老師來跟他們談天說地，要是來的是C型家長，那請C型的老師來談課程規劃及教學架構與邏輯，馬上就是一種具體的運用。」

我自己常在上課時提醒學員，無論學習哪種系統或工具，最重要的是能否去「實踐與運用」，否則Knowledge is power不過只是個抽象的名言佳句。我從陳總監身上看到的不只是一個校務總監，更看到一種菲力人的精神：「做一個更好的自己，就是給孩子及自己，最好的人生禮物！」

沒有人是錯的，是照著自己個性在過活

蔡緯昱 × 坤哥交通器材董事長暨蒸天下總經理 張貴月

「開始先放進絞肉，接著把醬油放進來，再加一大匙醬油……」，在美食節目《太太好吃經》中口條清楚、廚藝精湛的張貴月董事長，其實是國內一家名氣不小的汽車零件批發商董事長。

張董事長不只廚藝精湛，做烘培及甜點的功夫更是了得，入口即化、綿如雪的綠豆皇，還曾經在馬來西亞廚藝大賽中拿過金牌獎。

每天除了事業忙不完外，逢年過節還有一批鐵粉等著訂購她的招牌綠豆皇，每年訂單都讓她接到手軟。對烹飪很有興趣的她也開了一家蒸氣火鍋海鮮餐廳，除了媒體報導外，連沈玉琳、庹宗康主持的《旅行應援團》都去過店裡做節目。

張董事長是標準DC型的人，速度快、想法多、喜歡挑戰自我、學習新事物，還有一個停不下來的個性。也因為如此，自知急性子的她，一直與孩子有溝通衝突，但自從學習DISC後，理解到很多的衝突，都是來自於不懂孩子的性格。

她說：「以前不懂孩子的個性，總是用自己的方式去對待孩子，以為是溝通，其實都是半強迫的去要求他們，後來終於瞭解S型人就是要慢慢來，你怎麼催他們、怎麼生氣，都不太會改變什麼，甚至還搞到彼此都不高興，不如換個方法，適切地提醒他們一下，或許進度還會更快些。」

訪談中，她提到公司裡有一位SC型員工，動作偏慢，而她D型的先生常會耐不住急性子地去催促那位員工。她就跟先生說：「他是SC型的，雖然一天只能跑三趟，但幾乎沒出錯過，客人也覺得很安心，幾乎都不用我們煩惱。若是要求他動作快，卻還要我們去收拾殘局，那不是更麻煩。」後來她先生也同意她的說法。

張董事長的大兒子是標準的C型人，雖然性格穩定、做事謹慎，但只要沒有先「預約」，要他幫忙處理公司的急件，絕對是抵死不從。以前不知道屬於C型人性格的大兒子非常重視誠信和事前的準備，總是氣他好像是在找藉口不幫忙，但現在知道C型人的原則性很強，就會儘量提前跟大兒子「預約」，如此衝突就少了許多。

另一位IS型的小兒子，雖然相當聽話及孝順，但他的工作狀況總是讓她這個做媽媽的擔心不已，畢竟單靠製作音樂要去謀生是很不容易的事情，但她知道每一型人內心的價值觀和目標都不一樣，還是選擇尊重小兒子的想法，只是希望他少走彎路，就算有困難家人還是會支持他的。

這位IS型的小兒子也是我多年的學生，一方面I型特質讓他不偏好刻板工作，而喜歡音樂的創作，但另一方面的S型特質卻讓他覺得聽爸媽的話也很重要。所以好多年來內心總是天人交戰，如果堅持走自己的路，卻不聽爸媽的話，是不是忤逆不孝？但選擇爸媽安排的路，自己內心又會感到很不快樂。

他曾掉淚問我說：「我很愛我媽和家人，我知道她很辛苦，但我不明白為何要互相傷害？」我回答：「其實沒有人想傷害最愛的家人，只是我們都習慣用自己的想法去替別人設想，你媽很愛你，只是求好心切，怕你受苦而已。雖然做喜歡的事很重要，但其實孝順也有別的辦法，你應該試著去找到一個平衡點。」

無論事業或是孩子，張貴月董事長說DSIC給她最大的收穫，就是對很多事情可以比較釋懷，過去自己氣得要命的事，現在卻可以坦然的說：「沒有人是錯的，人只是照著自己個性在過活」，我是很欽佩她的堅強與事業上成功，但我更佩服的是她的人生智慧。

人生有戲，戲如人生，瞭解自我，演出精彩人生

蔡緯昱 × 巴拿馬影展最佳女主角 程秀瑛

十六歲便進入電視圈，沒多久便以《仙女下凡》走紅，創下50％驚人的收視率，成為多部製作人指名的八點檔女主角，二十一歲即獲得巴拿馬影展最佳女主角，並多次入圍金馬獎及金鐘獎。曾演出《包青天》、《運轉手之戀》、《新不了情》等膾炙人口的戲劇，她就是程秀瑛。

二十一歲的程秀瑛在《鄉野人》中飾演哀怨少婦，憑藉出色的演技勇奪巴拿馬國際影展的影后大獎，正當大紅大紫之際，她卻毅然決然赴美留學，唸的不是戲劇或電影相關科系，而是紐約三大時尚學院之一的「紐約FIT流行設計學院」，並以第一名之姿畢業。

學成返國之後卻以「花系列」女主角，讓演藝之路再度翻紅，幾年後轉戰幕後，成為製作人及導演，製作過《愛的麵包魂》、《美麗》等劇，其中自編自導的處女作《美麗》一劇，僅花費半年時間拍攝便入圍金鐘獎，洋洋灑灑的經歷，不難看出她內心不斷追求新領域、新視野的D型人與I質人特質。

程秀瑛上完DISC曾問我，DISC是否會因為個人年紀增長而有所不同？我回答：「是的，因為時空、環境的不同，DISC都會有變化，但若是你在同一間公司，同一個職務三十年，那可能變化就會很少」。她說：「年輕時的我比較像DI型，那時候不可一世，講話做事都直接了當，脾氣也不是挺好的，但經歷一些事情和有了信仰後，我的D特質慢

慢變少，但I特質好像變高了。」

程秀瑛發現DISC可以跟演員訓練課程做一個很好的結合，因為DISC剛好分別代表著四種基本情緒的展現，像是演凶神惡煞、霸道老闆、惡婆婆……這類角色，就可以用D型人特質做樣版，像是「聲音要大、中氣要足、動作粗魯、眼神要銳利有殺氣、要敢愛敢恨，像是新三國的張飛、後宮甄嬛傳的華妃、Voice的武鎮赫」。

她說戲劇中不可或缺的就是讓戲活潑起來的丑角，像是超八卦的閨密、常闖禍的調皮鬼、神經超大條的阿姨……這類角色，都是具有I型人的特質，這類角色通常會有「音調偏高、女生說話尖銳、嘰哩呱啦話很多、肢體動作較誇張、經常笑到岔氣等特徵，像是小時代的唐宛如、丑女無敵裡的陳家明、請回答1988的成德善。」

接著程秀瑛提到，雖然綠葉經常沒被觀眾注意，但沒有綠葉，也襯不出紅花的豔麗，像是默默守護男主角身邊的朋友、愛在心裡口難開的同事、一直被數落欺負的店員都是展現S型人最好的角色，這類角色的特徵通常是「說話唯唯諾諾、動作要放不開、眼神不敢直視他人、膽小的樣子，像是我可能不會愛你的大仁哥、犀利人妻的謝安真、未生的張克萊。」

最後程秀瑛說，最難掌握的就是C型人這類角色，像是高冷又愛挑剔的主管、聰明但超冷漠的同事、抽絲剝繭的偵察警官，這類角色的特徵經常是「眼神精明卻冷漠、語調低沉且有力度、面無表情卻不讓人尷尬、穩定的動作及氣質，像是微微一笑很傾城中的男女主角肖奈和貝微微、軍師聯盟中的司馬懿、來自星星的你的都敏俊」。

聽完程秀瑛的分析後，覺得她不愧是硬底子演員，竟然可以把DISC與戲劇教學做了完美的結合，以引導學生能更快地進入一個角色、一種情境。程秀瑛總結走過的歲月說：「人生有戲，戲如人生，瞭解自我，才能演出精彩人生！」

對的事，就要跟著對的人堅持做下去

蔡緯昱 × 顧德文教執行長 楊尹維

有一間補教機構不只講究升學率和學生身上的補習費，更在乎學生的「品德教育」。跟這間補教機構合作的時間一晃眼也有八年的時間了，連辦了八年的「品格成長營」，透過 DISC 讓孩子瞭解自我優勢及如何與父母相處，從性格教育到品德教育，幕後最大推手就是在大台中地區深耕了十八年，教育無數莘莘學子的顧德文教楊尹維執行長。

當初好奇的問楊執行長，為何你們願意做這種不賺錢，又吃力不討好的營隊？楊執行長說：「常有人笑說我們是一群傻子在做傻事，哪有人做生意不計較成本與利益，但他們笑的沒錯，我們只知道，對的事就要堅持做下去，我們做的不只是補習班，或許我們更想做教育吧！」

楊執行長表示，我們總是不斷地在思考，除了升學課程以外，我們還能給孩子什麼？孩子的學習只有這樣嗎？師者除了傳道、授業、解惑外，人格與品德教育是否一樣重要呢？所以我們主張先學做人，再學做事，除了課業與生活教育之外，這八年來運用升國三前的暑假舉辦品格成長營，就是期望能給孩子們更不一樣的人生體悟。堅持幾年下來，我們深信這條是對的路！每次看到孩子們的成長與家長們感動的淚水，就覺得一切辛苦都是值得的。

楊執行長懇切的說：「經過成長營的洗禮，孩子念書時的拚勁與耐力尤甚過往，同學間讀書的良性競爭與相互勉勵的同儕氛圍都更加美好。因為孩子能夠深刻體會父母對他們的愛，明白現在的辛苦都是為了自己的將來。而且更懂得珍惜父母給的一切，不會把父母的付出視為理所當然。」

之中讓我感動的是，有位親子關係不佳的單親家長熱淚盈眶的對楊執行長說：「我的孩子居然開口對我說『我愛你』，真的非常謝謝顧德的老師們，我兒子在努力學怎麼當一個好孩子，我也在努力學習怎樣當一個好媽媽，生命有老師你們的陪伴真好。」

訪談中，楊執行長說：「透過對 DISC 的認識與應用，大家變得更瞭解如何做人，因為能夠先認識自我，再來認識他人。真正做到知己知彼的情況下，達到同理心的第一步，接下來的溝通就不容易有阻礙。而且學生學習 DISC 後，不管在師生的互動上，或是同儕間的人際關係上，都變得圓滑、順利許多。」

聽楊執行長說，曾有孩子回來開心地分享：「老師，我大學畢業後進入一家新公司，藉由過去對 DISC 的瞭解與應用，我學會察言觀色的能力，短短時間就跟同事培養默契，在工作上也知道如何跟主管應對，很快就得到全公司的認同，我也不吝跟其他人分享學 DISC 的好處，很感謝當年參加的品格營。」

楊執行長感性的表示，原本辦「品格成長營」是期望給孩子更多的能力與智慧，但沒想到反饋回來的感動，也讓老師們充滿了正向能量，讓我可以繼續堅持地走在這條教育的大道上。楊執行長說：「我們堅信，做教育要有接近信仰的熱誠！也因為份信仰有緣跟生命教練蔡緯昱老師一同為孩子努力，跟著對的人，做對的事。」

我很感謝楊執行長的堅持，讓「品格成長營」成了顧德文教每年的傳統盛事，讓營隊不再只是學生殺時間的娛樂，更是自我探索與修復家人關係的成長旅程。十多年的累積，我們也成立了青少年黃金助教團，讓孩子能把 DISC 的感動繼續傳遞下去，一直以來我堅信的認為「DISC 不是冰冷的科學知識，更是有溫度的教育。」

識人好眼力，主持採訪更Easy！

蔡緯昱 × 第六屆《女人我最大賞》評審藝人 潘映竹

第一次聽到DISC的人，除了會好奇這是什麼之外，更會問學這個有什麼用，甚至在其他地方聽過DISC演講的人還會質疑地問：「學性格分析到底有啥用？我又不是心理醫生或輔導老師，懂別人個性真的對我的工作有幫助嗎？」

藝人潘映竹，因為一張打工照被網路肉搜，以「三星妹」之名進入無雙女子國樂團，之後脫穎而出，除了發行個人EP、上遍各大綜藝節目外，更擁有上百場大小活動的主持經驗，還擔任2018年《女人我最大賞》評審團之一的她，分享了學習DISC之後對她在工作上的幫助。

潘映竹打趣的說：「主持三年多、一百多集的GOGO捷運節目，感受很深，不同類型的店家、受訪者所表現的樣子都很不一樣，非常考驗主持功力及反應，過去都用直覺和經驗去採訪和互動，不過學了DISC之後，讓我採訪時更能掌握節奏和訪問技巧。」

潘映竹表示學習DISC之後，很快就能判斷四種不同類型的人，像是D型的店家經常沒照之前對好的稿子講，一直想講自己想講的。有一次她詢問D型店家：「你們這個內餡好香、好扎實喔！你們是怎麼做的啊？」D型店家回她說：「我跟你講喔，我們家這是祖傳的，已經傳了三代，從我爺爺到現在已經七十年了，每天都排隊，假日更是排一堆人，好多家電視台都來採訪，我跟你講，那個誰誰誰、哪個院長、部長都好愛來我們這邊吃……」，坦白說是蠻容易脫稿演出的。

想拉他們回主題，D型店家還會繼續跟你說：「等一下，讓我先講完，你知道嗎，當時我……」，有時讓導演也很為難。不過後來知道遇到難控制的D型店家，不要試著阻止他們，只要認同加上「移花接木」的技巧就好，像是「是厚！你們真的很有名捏，所以觀眾就很想知道，你們的料是不是有什麼秘密配方？」這樣就能輕易地讓他們接回主題。

潘映竹表示，I型店家是採訪時最輕鬆的類型，因為自己也是I型人，每次只要兩個I型人碰在一起，超容易一直聊一直聊，等到導演出面制止才能收工。潘映竹說：「I型店家都很熱情，除了會請大家吃吃喝喝外，也很會做效果，唯一的缺點就是，自己也會聊得太high啦。」

相較來說，S型店家是潘映竹在採訪時，顯得較吃力的對象，他們一旦面對鏡頭，整個人就會沒來由地緊張起來，明明剛才私底下都講的不錯，結果鏡頭、燈光一靠近，馬上變得支支吾吾的，然後回答就會變得短促，像是「嗯，不錯」、「就這個料加這個醬」、「就我們的招牌吧」……，然後就詞窮了，後來遇到這類型店家，潘映竹會在訪問前儘量跟他們聊天，放鬆他們的心情，讓他們不要太在意攝影機的存在。

最讓潘映竹感到有壓力的是C型店家，經常表情冷、互動冷、回答也冷，跟人很有距離感，不過當潘映竹知道對方是C型店家後，就可以理解他們並非故意，只是個性使然而已。潘映竹表示，以前都想快點結束訪問，因為C型店家有時會不經意流露出一種「這個你就不懂了」的樣子，接著就是一堆專有名詞的教學。不過這類店家都是相當專業及用心的在對待自己的工作，所以她說，日後遇到C型店家時，會先認真地詢問對方的專業，等有了一些熟識感之後再搞笑，好讓節目的效果更好、更流暢。

最後潘映竹說：「DISC幫助我能快速地去判斷一個人的性格，也能實用地用在我的主持與採訪工作上，讓我更能去應對演藝圈種種變化與挑戰。」

附錄——DISC之29型特質全分析

開拓者型（D型）Pioneer

主要成功因子／外在競爭力

- 產品的開發設計能力
- 新市場的開拓能力
- 強烈又快速的行動力
- 永不放棄的堅持力

主要失敗因子／內在阻礙力

- 急躁不思考便行動
- 過於武斷的驟下結論
- 霸道無理的說話態度
- 不通人情的管理方式

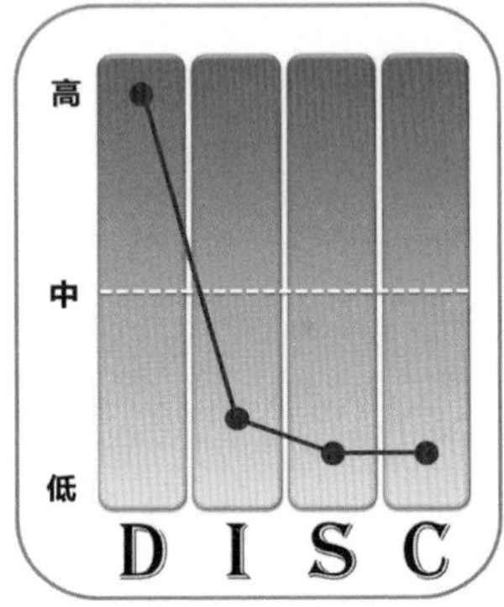

開拓者型基礎綜合特質

你是一個具有很好開拓性的優秀人才，只要與開拓有關的工作你都可以獲得極大的發揮，像是新客戶的開發、新產品的開發、新市場的開發、新人脈的拓展、甚至是在一片不毛之地蓋上一間大型商城，從無到有的工作任務都會讓你幹起來很有衝勁！做事上你的行動力很強，做任何事情第一都是先動手再說，寧願邊做邊修正，也不要想了老半天再動手，因為這樣你會覺得很慢、很沒有效率，所以你往往會被別人認為你太過急切，沒經過思考就急著下手，想趕快把事情完成是件好事，然而做之前先思考一分鐘能讓你修正的次數減少。

開拓者型的工作特質與強項

開拓是你的工作強項，舉凡從無到有、從小到大的任務都會激起你的挑戰欲，只要是前無古人後無來者的工作，都可以發揮出比平常更多的潛力。而且你也善於做領頭羊，越在混亂的工作環境及局勢中，越能發揮你領導與執行的能力，讓你獲得成就與重用。

開拓者型常見溝通特質

你與他人溝通的方式是比較直接的，心裡有什麼想法就會直接說出來，有什麼話也會直接了當的說出來，而且你也不喜歡拐彎抹角的溝通方式，無論是好、是壞，你都會坦率的表達出來。與他人溝通時，你比較容易站在主導的位子上，不知不覺中會主導整個談話的節奏及發言權，尤其你蠻不喜歡囉囉嗦嗦講一堆卻沒重點的話。

發揮開拓者型強項的工作領域

專案經理人、老闆、業務主管、投資客、房產仲介、金融壽險、個人工作室、軍警人員、職業球員、影視製作人、國際貿易、賽車選手、營造建商、研發人員、探險人員。

冒險者型（DI型）Adventurer

主要成功因子／外在競爭力

- 超越極限的冒險力
- 追求卓越的好勝心
- 探索新領域的好奇心
- 異於常人的自信心

主要失敗因子／內在阻礙力

- 說話直接不經大腦思考
- 好強好勝而凡事競爭
- 自信心膨脹成自大自負
- 不遵守並破壞規則制度

冒險者型基礎綜合特質

你相當具有冒險犯難的精神，就算是以前不曾做過的事情，只要你覺得有那麼些把握，都會想要去完成眼前的目標。因為你相信自己有能力可以應付未來可能發生的意外或是風險，這會讓周圍的一些人替你擔心，會覺得你是不是有點衝動，也會覺得你好像沒有經過仔細的思考就去行動。但這也是你與生俱來的優勢，因為許多機會就是需要有冒險精神的人才能抓住的。基本上你是個喜歡挑戰自我及極限的人，因為你認為別人可以，自己也一定可以。

冒險者型的工作特質與強項

以你喜歡挑戰自我極限的人生態度來看，太過簡單或是重覆無趣的工作是你很難忍受的。你希望能透過不斷的探索及嘗試而找到完成工作目標的方法與途徑，這樣才能維持你對工作的高度熱情，你很不喜歡一個蘿蔔一個坑的作業模式，照著前人的規矩做事只會讓你覺得毫無發揮之處。

冒險者型常見溝通特質

在你的溝通表達中充滿著自信，你對自己想說的事情都很有信心跟把握，所以聽你說話的人是很容易被你影響的，因為你鏗鏘有力的音量，和極具說服的表達方式是你的溝通優勢。而且你也勇於表達自己的意見和想法，無論是對錯或是好壞，你有什麼想法就會直接的表達出來，但有時候沒經過思考就說出來，反而會讓人覺得你的思慮不夠縝密，這是要多注意的。

發揮冒險者型強項的工作領域

股市交易員、投資客、戶外攝影師、廣告設計、極限運動員、職業運動員、創業家、特技人員、企業講師、發明家、職業賽車手、戰鬥飛行員、各類業務主管及代表。

創新者型（Di型）Innovator

主要成功因子／外在競爭力

- 從無到有的創造力
- 天馬行空的創意力
- 充滿熱情的衝勁力
- 聰明機智的反應力

主要失敗因子／內在阻礙力

- 容易發怒而情緒化
- 霸道任性不講道理
- 自私不理會他人感受
- 好高鶩遠眼高手低

高
中
低
D I S C

創新者型基礎綜合特質

你是一個喜歡創新的人，也是個有創意的人，在你的腦海中有無限多的點子在轉。你有很多自己的想法與看法，總是想來點新鮮的東西，因為不喜歡總是按著守舊的規則做事，照著過去了無新意的規矩行事，那不是你的做事風格。在工作上當你找到更有效率的方法時，你就會盡快改變用新的方法做事，你覺得沿用舊的方法是一種浪費時間的做法，而且效率沒有比較好。你常常會讓人耳目一新，你喜歡有自己的風格，不喜歡跟別人一樣。工作內容若是與創新或創造有關，那會使你非常有幹勁，不需要有人拿著鞭子在後面鞭策你，就會給自己壓力

創新者型常見溝通特質

你與人溝通表達的方式通常是外向且主動的，在工作上你會主動爭取發言的機會，並將自己的想法說出來，其實你不是想要表現自己有多棒，只是希望可以把事情做得更好，但這樣容易給人強勢推銷的感覺，在溝通上要稍加留意。另外，你勇於堅持自己的想法，但這樣容易與人產生意見衝突，需要多提醒自己一下。

創新者型的工作特質與強項

你的腦袋特別有新創意的想法，常常喜歡嘗試用新的方法去讓工作更有績效，而且不會有空有想法卻沒行動的問題，你會想到之後就盡快行動，所以問題到你手上幾乎都可以很快的被解決。需要創意和解決問題的工作會讓你的能力有更多發揮的機會。

發揮創新者型強項的工作領域

廣告設計、職業運動員、廣告行銷、導演、編劇、演員、歌手、專案經理、業務主管、企業講師、教育訓練人員、各類業務代表。

實踐者型（DS型）Practitioner

主要成功因子／外在競爭力

- 堅持不懈的實踐力
- 超乎常人的意志力
- 喜好助人的同理心
- 照顧他人的責任感

主要失敗因子／內在阻礙力

- 固執己見不願改變
- 決策搖擺內心矛盾
- 原則容易因人而異
- 獨攬大局致身心俱疲

高
中
低
D I S C

實踐者型基礎綜合特質

你是個會劍及履及的人，在工作上你會主動採取行動，而且會按照自己的步調及方式一步一步的去落實及執行，因此你很討厭只會出一張嘴卻不動一下手的人。你覺得一諾值千金，只要是自己可以做到的才會開口，要是做不到的也不會打腫臉充胖子的誇下海口，按照既定的時間與規劃把事情做好是你在工作上的第一準則。你的意志往往比一般人還堅定，當你決定要做某件事情時，你的行動會表現得相當堅決，很難有人可以改變你的決定，縱使遇到困難的問題你也會一個一個的解決。

實踐者型的工作特質與強項

你對工作的目標有著高度完成的使命，只要給你足夠的時間和資源，沒有什麼計劃是你不能落實的，你擅長逐一完成既定的工作，就好像拼拼圖一樣，從最簡單到最難的部分一塊一塊的拼湊起來。所以規劃和執行並存的工作你會比一般人發揮的更好。

實踐者型常見溝通特質

你的溝通表達方式會隨著情況的不同而有所調整，如果你覺得事情要有績效的話，你會用比較有魄力的方式去表達你的意見和想法，因為你想要讓事情有個好的結果。但是如果是關於休閒、娛樂、遊玩的事情你反而會以大家的意見為主，只要大家覺得好、你都好，溝通上和善又會滿足他人的需求。但要注意一點，與不熟悉的人溝通時先說明自己立場會使得溝通更順利。

發揮實踐者型強項的工作領域

電視執行製作、企畫執行、執行長、專案經理、活動企畫師、連鎖店店長、飯店管理、非營利機構主管、獸醫、消防員、馬拉松選手、業務主管、各類銷售代表。

目標者型（Ds型）Target

主要成功因子／外在競爭力

- 抓緊目標的實踐力
- 自我要求的主動力
- 重視全局的格局力
- 寬以待人的處事態度

主要失敗因子／內在阻礙力

- 控制欲望過於強烈
- 自我中心聽不下建言
- 壓力緊繃無法放鬆
- 對人情壓力優柔寡斷

目標者型基礎綜合特質

你是一個以目標導向為主的執行者，只要設定了目標之後，就會開始一步一步的行動，而且心中會有不達終點誓不罷休的意志。因為你的意志堅定，在邁向目標的過程中幾乎沒有任何的難題和挫折可以讓你萌生退意。不過有的時候在別人眼中看來，你的堅持會與固執畫上等號，但的確你是個不容易屈服別人想法的人。工作上你嚴以律己、寬以待人，會要求自己要有所成就，也會要求自己的實力要提升，更會要求自己要有能力可以照顧家人或是部屬。很多事情你會考量目標與團隊關係，看是如何做才能顧全大局，讓事情有個完滿的結果。

目標者型常見溝通特質

你的溝通表達通常是採取目標導向的方式，相當不喜歡講一堆沒重點的話。你喜歡講重點，也喜歡聽重點，不要把事情從盤古開天闢地說起，這樣會讓你沒有耐心聽下去。但你也不是只要關注重點和大方向就好，你習慣先講重點，再提細節，讓人聽的清楚又明白。所以你很討厭言詞含糊、避重就輕的人，跟這種人溝通會使你既生氣又憤怒。

目標者型的工作特質與強項

你具有超乎常人的行動力，當你設定好目標後，就會盡一切的努力去達成，並且擁有讓人信服的領導能力。你擅長處理即時性的事情，突如其來的狀況幾乎都可以隨機應變的去解決。只要工作中設定好固定的目標，擬定好確定的計畫，就可以發揮出你的實力。

發揮目標者型強項的工作領域

個人工作室、專案經理、業務主管、活動執行、執行長、老闆、職業運動員、連鎖店店長、工廠廠長、各類銷售代表。

指揮者型（DC型）Commander

主要成功因子／外在競爭力

- 善於指揮調度的領導力
- 要求高標準的控管力
- 敢於推翻舊制的改革力
- 理性謹慎的思考力

主要失敗因子／內在阻礙力

- 管理流於發號施令
- 脾氣欠佳缺乏耐性
- 要求標準過於嚴苛
- 指正言詞過於尖銳

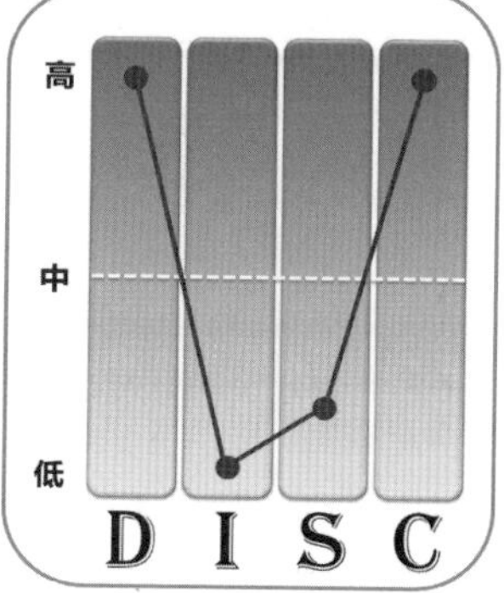

指揮者型基礎綜合特質

你天生就擁有指揮調度的領袖特質，當一項重大的工作需要眾人合作完成時，你會想要安排哪些人做哪些事、哪些工作要先做、及要注意哪些事情，尤其在發生一團混亂時，你更會想要跳出來把混亂的場面控制下來，這種控場能力就是你天生的優勢之一。不過有時候你所表現的控制欲會讓人覺得太過強烈而引起抗拒。你對事情的要求是相當高的，標準就是要嘛就不做，要做就要做到最好！而且你不只是要求別人而已，對自己也是要求達到高水準的表現。

指揮者型的工作特質與強項

能夠掌握組織的現狀及發展的方向是你所擅長的，你能夠下達確實的命令給他人執行，不會亂下指令要求他人做不合理的事情。另外，你也能夠獨當一面去處理難題，這讓你培養出極強的抗壓性和領導能力，所以高標準和高壓力的工作會發揮你無窮的潛能。

指揮者型常見溝通特質

你溝通表達的方式是比較直接不婉轉，有缺點就講，有錯就會馬上義正嚴詞的指正出來，不太會把難聽話包裝成好聽的話。因為你通常對事、不對人，講事情的好壞對錯，而不是要做人身攻擊，但因為表達時言詞容易過於尖銳，會在無意間傷害到他人的感受，多注意這點的話，那你的溝通會更有效果。

發揮指揮者型強項的工作領域

品質控管、督導主管、老闆、財務主管、活動執行、執行長、機械工程主管、建案工頭、職業軍官、檢察官、警務人員、個人工作室、專案經理、金融類銷售人員。

效能者型（Dc型）Efficacy

主要成功因子／外在競爭力

- 講求效率的執行力
- 自動自發的自主性
- 重視實際的務實力
- 思維清晰的分析力

主要失敗因子／內在阻礙力

- 過於現實的唯物主義
- 獨行且缺乏團隊意識
- 容易衝突且人際失衡
- 強勢要求缺乏包容心

效能者型基礎綜合特質

你是一個相當講求效率的人，很討厭看到沒效率的人在做著沒效率的事情，這會讓你很受不了，因為沒效率就代表浪費時間，在你的思考邏輯中會把事情的過程與結果做量化的比較，假設一個人沒效率浪費了一分鐘，一百個人就浪費一百分鐘，那一千個人就浪費一千分鐘，就等於浪費了16個小時，這整整是浪費了兩個工作天。在工作上你討厭遲到的人，表示這個人的工作績效是有問題的。工作上除了看不慣沒效率的人事物外，也不會放任這些問題繼續存在，你會想主動去修正，若是你有一定的掌控權時，那更是會去要求改正。

效能者型常見溝通特質

你的溝通表達方式中容易強調什麼事情應該做，而什麼事情不應該做，或是事情應該如何做、應該做到哪種程度，因為你很在乎是否有效率這件事。雖然你在情緒激動時，會不經意的發脾氣，但你常常是針對具體的事情而言，並沒有完全否定一個人的意思，但經常對方會覺得你的態度不是很友善，因此要多注意自己的溝通語氣。

效能者型的工作特質與強項

工作上你非常講究效率和績效，擅長將績效低落的做事方法改變的更有效率，在你手裡的工作很少被拖延的，你的時間觀念和績效觀念，往往可以帶領整個組織團隊不斷的往更好的方向發展。能給你很大授權和空間的工作，會使你的能力和專業發揮的淋漓盡致。

發揮效能者型強項的工作領域

機械工程師、電腦工程師、執行長、專案經理、業務主管、財務長、品質改良、個人工作室、警務人員、職業軍官、各類銷售代表、企業資訊長。

魅力者型（I型）Charmer

主要成功因子／外在競爭力

- 熱情四射的舞台魅力
- 樂觀的正面思考力
- 製造歡樂的幽默力
- 聰明機伶的反應力

主要失敗因子／內在阻礙力

- 無法控制的情緒反應
- 分不清是非的判斷能力
- 不斷推託責任和錯誤
- 不切實際的過度樂觀

魅力者型基礎綜合特質

你是個具有群眾魅力的人，在人群中你就是閃閃發光的焦點，因為一言一行都會吸引身邊人的目光，而且也會運用你的魅力去影響周圍的人，所以你是個具有舞台魅力的人，在眾人面前歌唱、表演、演說、演戲、主持這等工作對你來說是小事一樁。你絕對是個熱情洋溢的人，你的熱情是與生俱來的，不需要學習，也不需要做作，你總是讓人感受到真心誠意的與大家交朋友，滿心歡喜的迎接生命中的每一個人，如果你喜歡現在的工作，那你的熱情會帶你走向成功，但若你不喜歡手邊的工作，那你就是一朵枯萎的花朵，毫無生氣可言。

魅力者型的工作特質與強項

工作中你隨時隨地都充滿者熱情，你熱愛工作的豐富度，更甚於賺了多少錢，你總是能運用你的個人魅力去影響你的工作夥伴及客戶。另外，你擅長與人建立關係，尤其是一般人不習慣交談的陌生人，你也能很快的和他們聊上一聊，並建立起友好的關係。

魅力者型常見溝通特質

你溝通表達的方式是屬於不會想太多就說出來的，所以你很容易就可以將你的想法和看法表達出來，不會思考很久才擠出幾個字來，也不會扭扭捏捏的說出自己的看法，你就是那種有什麼感覺就說出來的人。你不只喜歡一個人表達意見，你也樂意讓別人說說自己的看法，因為你覺得溝通就是要大家一起說出來討論才叫溝通。

發揮魅力者型強項的工作領域

公關、專櫃小姐、活動主持人、娛樂藝人、演員、記者、導遊、客服人員、唱片歌手、街頭藝人、教育訓練人員、遊樂場人員、舞台劇人員、各類銷售代表。

激勵者型（Id型）Rouser

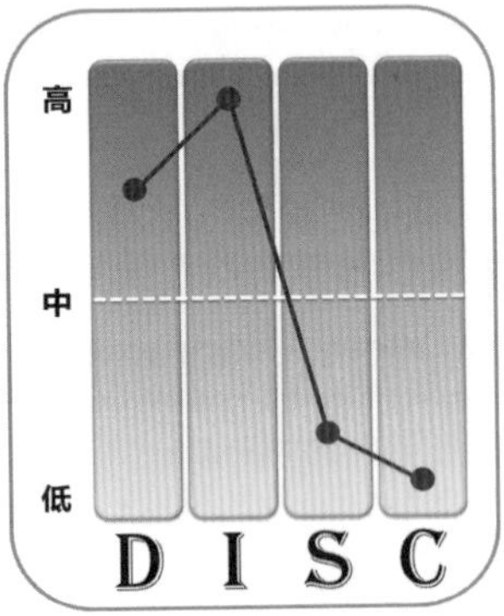

高
中
低
D I S C

主要成功因子／外在競爭力

- 激勵人心的煽動力
- 正面思考的樂觀性
- 創造夢想的行銷力
- 天馬行空的想像力

主要失敗因子／內在阻礙力

- 誇大其詞說話浮誇
- 習慣性說謊逃避責任
- 好高騖遠不腳踏實地
- 愛慕虛榮不切實際

激勵者型基礎綜合特質

你是個天生擅長激勵人心的激勵者，你很願意用熱情去鼓舞別人，讓灰心喪氣的人都覺得眼前的道路充滿著希望，只要是心情低落的人跟你聊上一會兒，就可以從你充滿鼓勵士氣的言語中慢慢的打起精神。所以在團隊中，你是一個不可或缺的角色，因為團隊不可能永遠士氣高漲，總有艱困的時刻或被重重打擊的時刻，但你就是可以再度燃起鬥志的激勵者。同時，你也很受大家歡迎，總是帶來歡笑，常一不小心就成為全場的焦點，也因為如此你是大家眼中的開心果，帶來歡樂的氣氛。

激勵者型的工作特質與強項

你天生擁有能夠激勵自己、激勵他人的能力，能夠時常讓自己和周圍的工作夥伴保持良好的工作精神。而且你擅長製造正向積極的氣氛，這在壓力大的職場上是很不容易見到的。在人與人連結性緊密的環境中工作，越能展現你的個人魅力和受人歡迎的優勢。

激勵者型常見溝通特質

你的溝通表達的方式通常能激勵人心，也會用開放的態度去與人溝通，當意見左右時，你不會強勢的去打擊對方，反而會用積極的方式去影響對方看是否可以先採用自己的方式，若不行再看怎麼調整。要注意一點，分清楚場合説話很重要，不要在嚴肅的場合中試著搞笑，雖然想緩和凝重氣氛，但收斂一點的表達方式似乎會比較好一點。

發揮激勵者型強項的工作領域

專櫃小姐、企業講師、電話銷售、教育訓練人員、活動主持人、演員、歌手、藝人、廣告行銷、產品包裝設計、補教老師、攝影師、電台DJ、各類銷售代表、髮型設計師、服裝造型師。

教學者型（IS型）Teacher

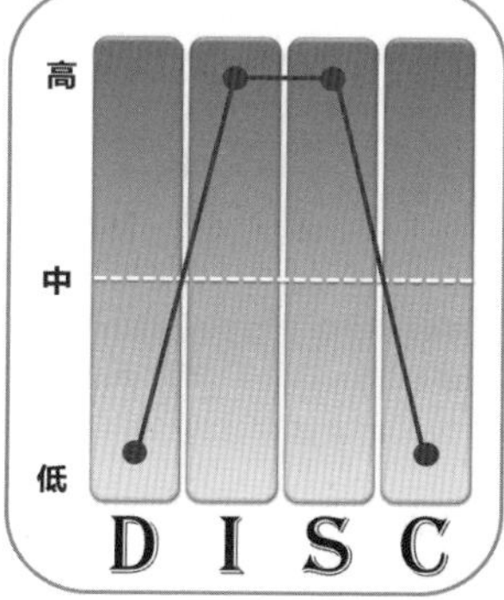

主要成功因子／外在競爭力

- 無私分享的教學精神
- 為理念奉獻的忍耐力
- 喜好助人的熱切心
- 通情達理的說溝通力

主要失敗因子／內在阻礙力

- 難以堅持容易放棄
- 過度輔導他人情緒問題
- 逃避不願面對自身問題
- 過度擴張自身能力

教學者型基礎綜合特質

你是一個很樂於分享的人，無論是新的想法、新的構思、新的創意、新的經驗你都想與朋友聊上一聊，因為從分享中你可以使自己和對方置身在愉快的氣氛當中。工作上你最大的滿足來源之一就是幫助別人把事情做到最好。若你是主管，當然不吝嗇的幫助屬下發揮最大的潛能。你願意把自己的經驗與專業教授給他人，並不是因為可以從此獲得金錢或是其他好處，反而因你的教學而使他人有所成長及啟發時，在心靈上也會獲得滿足及成就感，所以有機會要多分享專業與經驗，自己也會獲得更多的學習與成長。

教學者型的工作特質與強項

無論在工作上或是人際互動上，你都很擅長與人建立良好的關係，而且很願意與他人分享你的工作經驗和專業，無論你的職務是高階還是中階，你都會盡量協助客戶及工作夥伴去解決問題。所以能多與人溝通、互動、相處的工作是比較能夠發揮你的競爭優勢。

教學者型常見溝通特質

你與人溝通表達的方式都會讓人感覺到你的熱情，你喜歡與他人分享你的生活經驗、新學習到的事物，而且當你聊一件事情時，你自己會很愉快，自然的也很容易讓別人感染到愉快的氣氛，所以跟你說話是一件蠻愉快的事。另外，你一開始會有耐心的跟人溝通，但要是講超過三次，對方都無法理解時，你就會開始覺得無奈，但還是會耐心的去溝通。

發揮教學者型強項的工作領域

人力資源、教育訓練人員、企業顧問、電話客服、心理輔導師、職涯規劃諮商師、中小學老師、公關、作家、舞蹈老師、繪畫老師、領隊、各類銷售人員。

人際者型（Is型）Relationship

主要成功因子／外在競爭力

- 八面玲瓏的社交力
- 調適自我的適應能力
- 重視形象的包裝能力
- 建立良好的人際關係

主要失敗因子／內在阻礙力

- 做人做事沒有原則性
- 極度缺乏識人之明
- 懶散成性好逸惡勞
- 三分鐘熱度持續力差

人際者型基礎綜合特質

你是一個善於社交活動的人，也有一個大家喜歡跟你相處的好個性，你天生是個喜歡又容易交到朋友的人，只要你跟初次見面的陌生朋友聊上一聊都會被旁人誤會你們倆個是多年的好友。因為你很容易親近人，也很容易讓人親近你，加上你很快就可以打開話匣子，無論是工作、家庭、休閒嗜好、美食旅遊、社會經濟、藝術人文等話題，都可以很快的搭上話題，社交能力可以說是渾然天成。所以你的交友圈很大，無論哪一行都有朋友的足跡，人脈比一般人要來得廣，也是大家眼中的人際公關高手。

人際者型常見溝通特質

你擁有很好的公關社交能力，所以你溝通表達的方式都會讓人覺得真誠不做作。你也是個會看場合及對象說話的人，該活潑多聊天時，就會打開話匣子與人熱絡的聊天。但該安靜、輕聲細語時，你也會自動的用柔和的方式與人說話。你希望獲得他人認可，所以在表達自己意見時，也會加入別人的意見，好讓自己的想法和意見不被否定。

人際者型的工作特質與強項

你擅長與人親切的互動，並能很快的建立起良好的關係，而且你絕佳的社交公關能力可以幫助你擴展廣大的人脈網路。你也具有良好的溝通能力，那種不用跟人互動，整天只面對冰冷的電腦、機械或資料的工作只會讓你覺得枯燥無味。所以需要頻繁溝通和互動的工作會將你的能力發揮的更徹底。

發揮人際者型強項的工作領域

形象公關、電話客服、幼教老師、教育訓練人員、演員、藝術表演者、美容師、髮型設計師、美編設計、翻譯人員、編劇、影音後製人員、音樂製作、神職人員、各類業務代表。

顧問者型（IC型）Consultantant

主要成功因子／外在競爭力

- 言之有物的表達力
- 喜歡成長的學習力
- 善於分析的理解力
- 解決問題的諮詢能力

主要失敗因子／內在阻礙力

- 刻意賣弄專業知識
- 對目標過於理想化
- 計畫流於紙上談兵
- 盲目相信自我想法

顧問者型基礎綜合特質

你是個相當喜歡學習新事物的人，無論是與工作相關或是毫無相關的事物你會嘗試去了解學習一下，若是剛好有所興趣，那你便會開始花點時間去鑽研一番，所以蠻多人會認為你博學多聞，好似上通天文，下通地理，那是因為你熱愛學習，甚至是享受學習，也覺得人真的是活到老學到的，而且透過學習讓自己在知識、專業、技能、精神、心靈上有所成長會使你的內心感覺到快樂與滿足。另外，你的口才極佳，很容易就可以影響或是說服別人，透過你的表達與說明後，總是覺得你的看法是相當有說服力。

顧問者型的工作特質與強項

你同時兼具了向外的創意與向內的思考兩種工作能力在你身上，這是一般人少有的特質。也因為如此，你可以適應的工作領域和內容比一般人還要多。你擅長與人建立信任感，也善於冷靜的規劃工作的內容，亦動亦靜和有創意又能思考的工作形態能讓你發揮更多的才能。

顧問者型常見溝通特質

你的溝通表達方式是較少見的，在與人溝通事情方面時，你總是相當的謹慎、小心。你認為在陳述事實時需要認真且謹慎的態度，因為話講出去在你的觀念中是要負責任的，所以你過於謹慎的態度會讓人覺得沒有一絲的情感和熱情，只有事實、數據和證據。但在與人聊天時，別人又認為你是個活潑、有趣的人，這樣公私分明的溝通方式是你獨特的表達優勢。

發揮顧問者型強項的工作領域

活動企畫、市場經理、企管顧問、教育訓練人員、高中老師、形象包裝、藝人經紀、產品形象規劃、廣告設計、人力資源、精品專櫃小姐、各類銷售人員、音樂老師、公司發言人。

公關者型（Ic型）Publicist

主要成功因子／外在競爭力

- 善於說服的影響力
- 多元化的學習能力
- 邏輯創意並重的思考力
- 機智圓滑的對應能力

主要失敗因子／內在阻礙力

- 編造藉口推諉他人
- 強詞奪理好辯成習
- 心口不一易成雙面人
- 失去理性情緒失控

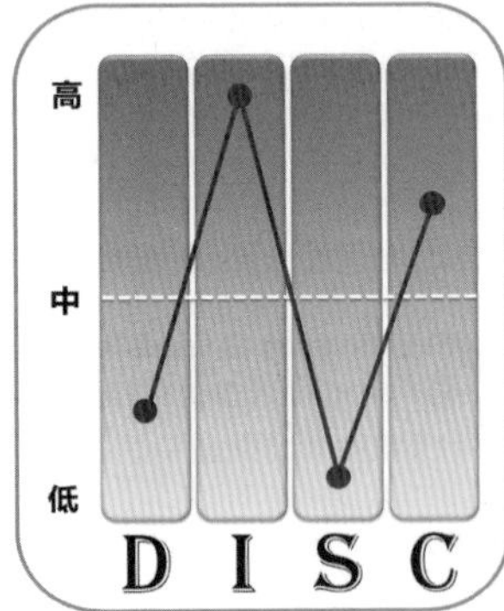

公關者型基礎綜合特質

你是一個溝通能力極佳的公關者，不只是說服的能力，而是擁有很好的表達能力，一件事被你說完之後，會讓人投射到你塑造的情境裡面，你不是胡謅亂說，你是有邏輯的在表達一件事情或是你的想法。因為你的表達富有感染力，不會讓人覺得呆板無趣，所以往往被你說服的人還不知道被你說服了，他們只覺得你講的很有道理，也很有邏輯性。在工作上你喜歡多元化的工作內容、模式和環境，最好每天的工作內容都不一樣，因為你很容易對一成不變的工作感到厭煩和厭倦，不用太久就會覺得好無聊、好無趣、還好想換工作。

公關者型的工作特質與強項

你天生具有極佳的說服、溝通能力，尤其是在自己的專業領域當中，你能將生澀的專業知識透過趣味的方式表現出來。而且同時你具有清晰的邏輯分析能力，可以分析不同狀況衍生的不同結果，所以讓你在需要呈現給大眾專業知識的工作環境中，很能夠展現你的競爭優勢。

公關者型常見溝通特質

你的溝通表達能力通常比其他類型的人要來得好，因為除了具有極佳的口語表達能力外，還具備了一顆善於思考的腦袋，這讓你的說服力不同於那種浮誇的推銷方式，而是言之有物、有條有理。你既可以與人輕鬆的談天說地，卻又可以將一件事分析的精闢入理。但如果善用你的口才去為你的錯誤辯解，那可就浪費了你的溝通長才了。

發揮公關者型強項的工作領域

活動公關、產品發表、研究發表、市場經理、記者、活動企畫、婚禮主持人、品牌管理、珠寶設計師、髮型設計師、造型設計師、企業講師、教育訓練人員、各類業務代表。

穩健者型（S型）Steady

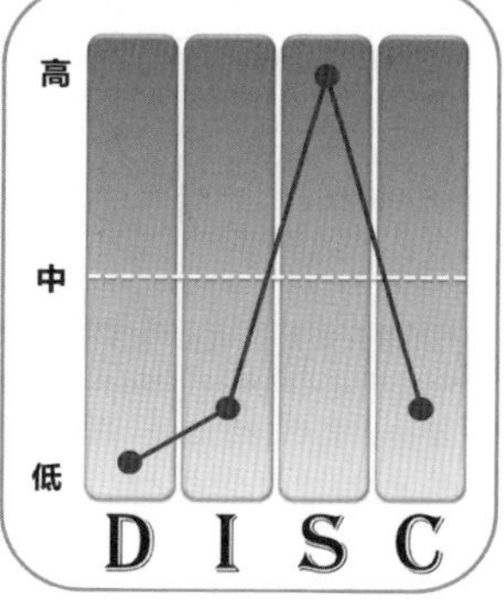

主要成功因子／外在競爭力

- 不慌不忙的穩定力
- 人人喜愛的親和力
- 忠心不二的跟隨力
- 保守不冒險的思維

主要失敗因子／內在阻礙力

- 反應遲緩不夠機靈
- 跟隨錯誤領導的愚忠
- 不願面對衝突與競爭
- 過度缺乏憂患意識

穩健者型基礎綜合特質

你是個讓人感覺個性很穩定的人，輕浮絕不是形容你的字眼，總是給人一種溫和的感覺，跟你在一起工作不會有壓力感，而且會讓工作在預期進度中完成。變動性不大的工作比較適合你的性格，要是工作時的速度太快、變化太大、環境太激烈，你會容易受不了而想要離開。另外，做事前你常會思考較久，才開始進行。你經常會顧慮到人與人之間的關係，還會擔心害怕引起衝突或反彈，要是一直在乎其他人的心情與反應，反而會使你做起事來綁手綁腳，你會想要兩邊都不得罪人，也希望大家彼此都能愉快的共事。

穩健者型的工作特質與強項

你具有穩定的工作習慣，可以習慣單純又固定的工作內容，反而講求快速、變化性大的工作會讓你備感壓力。你對事情以及人的耐性是一般人中少見的，而且你比較在意人際之間的關係，所以穩定又可以與人有良好互動的工作可以讓你有更好的發揮。

穩健者型常見溝通特質

你和他人的溝通方式是較婉轉而不直接的，你不善於很快的表達自己的意見及想法，也會默認其他人的決議，這會讓人覺得你沒有主見，或是沒有自己的見解。其實不是你沒有自己的想法，而是一來你需要較長的時間去思考如何表達看法，二來是你多以大局為重，並盡量配合其他人，所以經常把自己的想法先擺在一旁，讓他人去決定。

發揮穩健者型強項的工作領域

公務員、家庭主婦、高級管家、幼教老師、秘書、行政人員、助理人員、社會工作者、客服人員、護理人員、心理諮商師、神職人員、藝文工作者、人力資源。

沉著者型（Sd型）Calmer

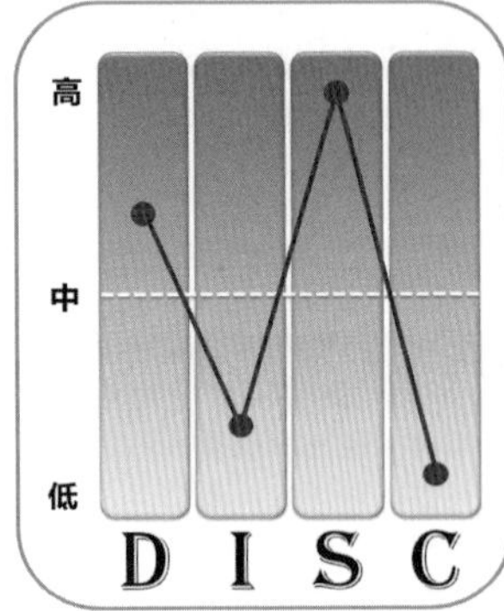

主要成功因子／外在競爭力

- 冷靜沉著的穩定力
- 腳踏實地的工作態度
- 助人為樂的主動性
- 公私分明的明確性

主要失敗因子／內在阻礙力

- 過度自責而否定自己
- 故步自封不願改變
- 無建設的重覆抱怨
- 求好心切過度焦慮

沉著者型基礎綜合特質

通常你給人看起來是個沉著不浮躁的人，你的動作通常不會太大，也不會太快，或是讓人感覺坐不住的樣子。你總是從容不迫的在處理事情，就算不小心打翻東西，也會不慌不忙的收拾乾淨，對那些整天動來動去，好像過動兒的人不太能理解。當面對問題時，你也能鎮定的去解決，不會太過於驚慌失措。工作上你是個腳踏實地、一磚一瓦、一步一腳印的人，不會貪圖快速的成果，也不會急於想要獲得成功，更不會不計一切手段達成目的，因為你通常偏好做長遠的計劃，而不是貪求近利，所你往往是主管或老闆眼中喜歡的好人才。

沉著者型常見溝通特質

你相當注重人際關係，雖然話不多，但是願意適時的表達自己的情感，所以私底下別人很快的就可以跟你拉近距離。但是在工作上就大不相同，工作上你會為了對的事而直接發表自己的看法，尤其是為他人爭取福利或是被剝奪的權益，只要是為了別人的需求，你往往都會挺身而出的去表達，縱使你不是個善於言詞的人，你還是會盡力去爭取。

沉著者型的工作特質與強項

務實的工作態度是你最大的競爭力，你不太會讓人擔心，擅長將工作事先規劃好後，再一步一步的去落實進行。同時你也相當講究方法，不喜歡一直改變行事的步調與風格，若是在穩定不具太大變動的工作環境中，並設定好目標，你將會表現的適才適所。

發揮沉著者型強項的工作領域

行政主管、董事長秘書、材料管理、助產士、運輸人員、站務人員、公家機關主管、海關人員、倉庫管理、護理長、雕刻師傅、博物館主管、圖書館主管、神職人員。

團隊者型（Si型）Teamwork

主要成功因子／外在競爭力

- 互相合作的團隊觀念
- 善解人意的同理心
- 寬容體貼的包容力
- 同理他人的安撫能力

主要失敗因子／內在阻礙力

- 不懂拒絕的濫好人
- 口頭認錯卻依舊故我
- 易被說服而下錯決定
- 躲避衝突逃避壓力

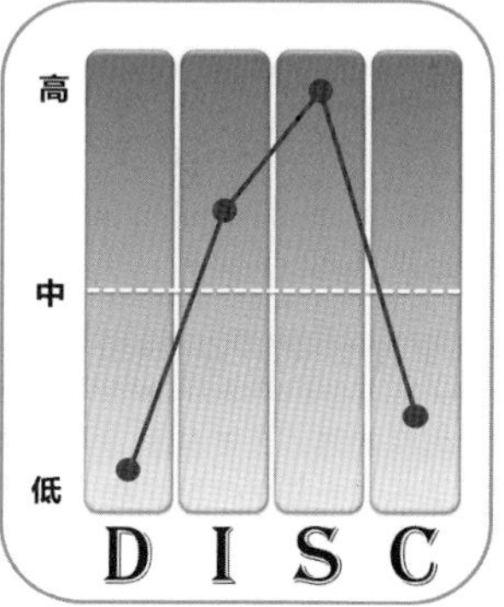

團隊者型基礎綜合特質

你是一個非常重視團隊合作與精神的人，你喜歡與一群人一起為相同目標努力打拼的感覺，因為彼此可以互相支持、互相加油打氣，如果可以一同歡笑、一同淚水那就更好了。你不太喜歡那些獨來獨往、作風特異的獨行俠，因為他們沒有團隊的觀念，眼中只有自己，也不與身邊的人有所交流。相反的，你總是在背後默默支持著團隊運作，不強出頭，也不與人爭風吃醋，更不會去搶著當一個領導者。你是個很好的配合者，會為了維護團隊的穩定與和諧，而捨棄個人目標或利益，縱使領導者不通人情，但還是會儘量忍氣吞聲地順從指揮。

團隊者型常見溝通特質

你的溝通表達方式總是讓人感覺到舒服又沒有壓力，你喜歡和和氣氣的討論事情，一有意見衝突時，會盡力去協調化解衝突，因為你覺得當衝突越來越大，口氣也會越來越差，最後引發成激烈口角和爭執，那也就失去了溝通的意義了。不過你比較屬於慢熱的人，如果沒有人發言，那你也不會搶先發言，但如果氣氛越來越熱絡，才會更積極的表達自己的想法。

團隊者型的工作特質與強項

你擁有很好的團隊精神與共識，希望營造一種大家一同努力為完成一件任務的工作氛圍，因此在大家眼中你是個不可多得的工作夥伴。另外，你擅長協調衝突與紛爭，也能適時的處理工作上的對立與衝突，如果能在以團隊協力合作之下的工作環境時，你將表現出最優秀的一面。

發揮團隊者型強項的工作領域

護理人員、食品化驗員、幼教老師、博物館導覽、圖書館人員、美容師、神職人員、員工福利委員、調解委員、服務台人員、電話客服。

研究者型（SC型）Researcher

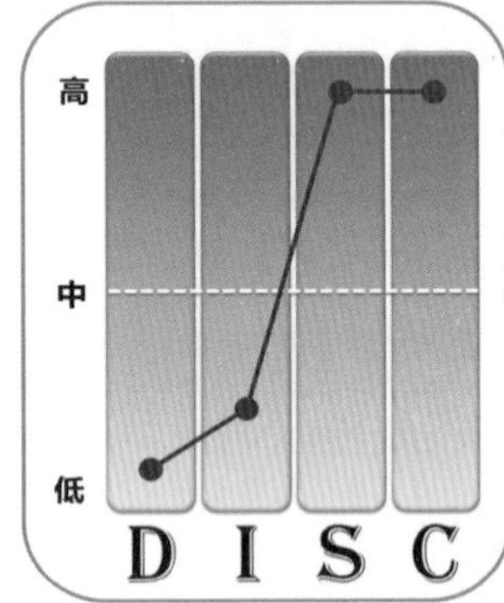

主要成功因子／外在競爭力

- 鑽研事情的研究能力
- 設計系統的規劃力
- 盡忠職守的穩定力
- 給人安心的信賴感

主要失敗因子／內在阻礙力

- 對任何事缺乏安全感
- 對未來多採取負面思考
- 安靜沉默不主動積極
- 無法適應快速的變化

研究者型基礎綜合特質

你是個相當具有研究精神的人，任何人事物都逃不出想深入了解的範圍，你通常不太相信耳朵聽到的，而是相信眼睛看到的，所以都會去研究跟調查事情的真相，看究竟是怎麼回事，看到底是不是跟別人說的一樣。你比較能夠忍受日復一日、年復一年近乎枯燥乏味又單調的工作。工作上你講究系統與規劃，不喜歡沒有經過規劃就開始工作的模式，這會讓你比較無所適從，尤其是變動性很高工作會需要較長時間去調適。相反的，照著標準作業流程的工作，讓你比較好控制作業流程及工作品質。

研究者型常見溝通特質

你與人的溝通表達方式多半是循序漸進，與其說是溝通，倒不如說是聆聽。你習慣多聽少說，在你和別人溝通之前，你會想先聽聽對方的想法、看法或做法，然後再看怎麼和對方達成共識，所以跟你溝通的人絕不會認為你是個強勢無理之人。事實上，你的邏輯分析能力不差，提出的見解也都是合情合理，但因性個低調，所以要是沒人詢問你，你也會默不吭聲，有時這樣是很可惜的。

研究者型的工作特質與強項

你擁有深入研究事務的特質，也有探討出事情真相和本質的能力，你也會很有耐心，棄而不捨的將工作做到盡善盡美，把工作交給你絕不會有太大的問題，但若是不斷要你改變工作的做法與流程，那會使你感到相當的痛苦。具研究性質或比較重覆的工作，容易讓你的特質發揮到最佳狀態。

發揮研究者型強項的工作領域

學術研究、行政管理、資料管理、產品研究員、市場調查、財務稽核、大學教授、電腦工程師、機械工程師、會計師、審計師、品管人員。

支援者型（Sc型）Supporter

主要成功因子／外在競爭力

- 完成目標的使命感
- 令人安心的支援能力
- 串聯資源的整合力
- 安排調度的協調能力

主要失敗因子／內在阻礙力

- 安於現狀不願求新求變
- 無建設性的抱怨批評
- 不正面解決人際問題
- 自信低落封閉自我

支援者型基礎綜合特質

你是個很願意給人協助的支援者，有一句話叫廣行善事、多施周濟，就是形容你這類樂善好施的人。你有能力可以幫助他人，也願意去幫助他們，因為你希望為那些需要幫助的人，提供更好的協助。你不是要別人的感謝，或是要人點滴在心頭，也不需要金錢上的回報，你就是會忍不住的去協助辛苦的人，因這會讓你感到溫暖和心靈上的滿足。工作上你是個盡忠職守的人，儘管工作再累再辛苦，都會堅守你的崗位職責把工作做好，特別是當與主管、同事感情不錯時，會更加強你堅定的意志。

支援者型的工作特質與強項

把事情做好的工作態度是你很大的競爭優勢，很少有人能像你一樣，能不慌不亂的想清楚後，再照著自己的步調完成手邊的工作。而你也能和他人建立起合諧、不勾心鬥角的工作關係。在需要標準作業流程及團隊分工的工作環境裡，你比較可以發展出屬於自己的競爭優勢。

支援者型常見溝通特質

你的溝通表達方式通常是比較被動不積極的，這不表示你是個拙於言辭的人，而是你不習慣在不熟的人面前大刀闊斧的表達內心想法，希望私下理性溫和的好好溝通。你總是先聽再說，因為你覺得多聽少說才能了解對方的狀況、想法，這樣才能清楚明白對方的意思及需求。要留意一點，在溝通中盡量訓練自己多開口，不要等到最後時才表達，這樣往往會讓自己的聲音被淹沒了。

發揮支援者型強項的工作領域

行政管理、倉庫管理、材料管理、人力資源、資料管理、食品安全管理、助產士、護理人員、機械維修技師、軟硬體測試工程師、關務人員、驗收人員、公務人員。

完美者型（C型）Perfection

主要成功因子／外在競爭力

- 追求高標準的完美主義
- 信守承諾的責任心
- 正確的邏輯思考力
- 精確的風險控管力

主要失敗因子／內在阻礙力

- 過度要求完美的挑剔
- 令人無法接受的批評
- 人際互動過於冷漠
- 用負面思考看待機會

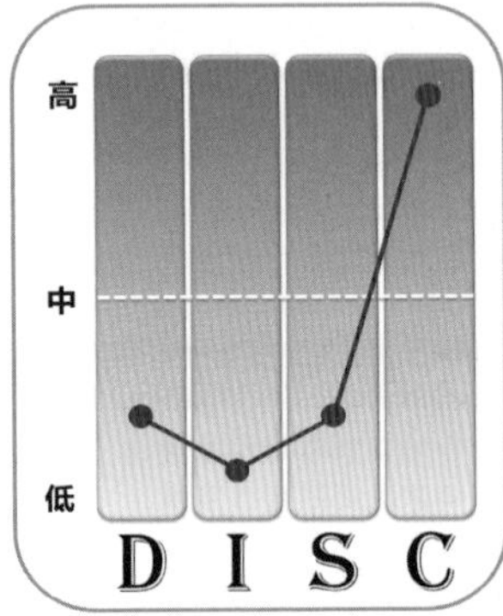

完美者型基礎綜合特質

你是個典型的完美主義者，追求完美是你人生中的重要信念之一，只要看到不滿意或不完美的事物，就會興起想要改善的念頭，因為不太能忍受那些明顯曝露的缺點。不容許自己的衣著看起來俗氣、不允許自己的行為舉止看起來不莊重，所以彬彬有禮、氣質優雅就是在形容你們這類型的紳士淑女。你做事起來心思細膩，處處小心翼翼，相當重視小細節，只要有一點點不好的地方，會不斷的修改到滿意為止，就算是別人看不到的地方，也會很注意。

完美者型的工作特質與強項

你天生想盡善盡美的性格，使你對工作的精準度要求甚高，工作到你手中幾乎是沒有任何問題的。而且你比較擅於數字的計算及管理，任何雜亂的事物到你手中，最後都會清清楚楚、完完整整的被分類，但若工作性質要你一直與人互動溝通，那你是會很痛苦的。

完美者型常見溝通特質

你的溝通表達方式比較理性且不衝動，你會思考要如何說、怎麼說和說什麼。你不會想說什麼就說什麼，而是會去思考該說什麼。通常你有想法時，不會很快的就輕易表達出來，因為你希望你的看法或見解是很完整或是無懈可擊的，所以你會先在腦袋裡細細推敲，等到你認為沒有人會有疑慮時才會表達出來，所以別人會覺得你是個思慮周延的人。

發揮完美者型強項的工作領域

產品控管、學術研究、稽核人員、資料管理、文字校對、美編設計、倉儲管理、醫檢師、程式設計師、會計人員、精算師、建築設計師、髮型設計師、服裝設計師。

洞察者型（Cd型）Observer

主要成功因子／外在競爭力

- 清晰敏銳的洞察力
- 獨立作業的自主性
- 謹慎的風險控管能力
- 制定標準化作業能力

主要失敗因子／內在阻礙力

- 冷嘲熱諷的批評指責
- 挑戰並質疑他人意見
- 尖酸刻薄的說話態度
- 負面思維看壞不看好

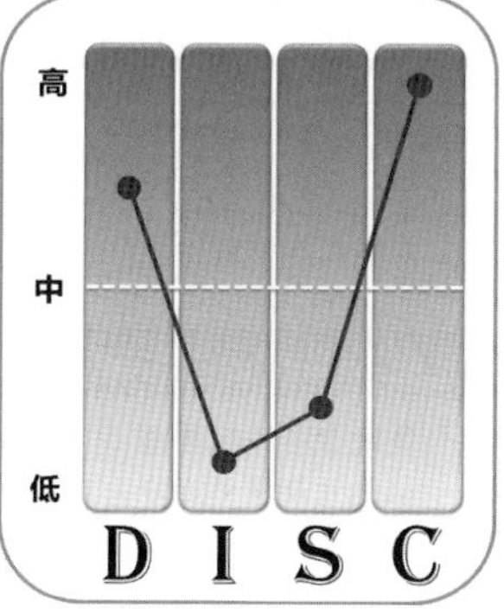

洞察者型基礎綜合特質

你天生就擁有過人洞察力與觀察力，在事情的方面，你展現出的洞察力可以幫助你看清事情的真相以及事情的本質，當然也可以輕易的點出別人看不見的瑕疵與缺陷。很多時候也因你的洞燭機先而避免了一些危險，並指出正確的方向。而在人事方面，你的觀察力可以分辨出一個人的好壞，甚至從言談之間就可以了解一個人的品行及處事風格，你會知道哪些人可以合作、互相配合，而哪些人要小心、萬不可輕易相信，在職場談判桌上，這種能力是很多人求之不得的。

洞察者型常見溝通特質

通常你的溝通表達的方式相當理性且直接，但你並不會很快的表達看法。你會因話題而異，如果話題不感興趣，你會惜字如金、冷眼旁觀，希望大家不要再廢話下去、不要再浪費你的時間。但如果是你有興趣的議題，那你便不會沉默寡言，反而會開始滔滔不絕的表達自己的獨特見解。要注意一點，總是冷眼對待沒興趣的話題和對象，連敷衍都不敷衍，那恐將危害到你的人際關係。

洞察者型的工作特質與強項

你天生具有相當敏銳的觀察力，能洞察出問題的跡象與癥結，並且能整理出一套補救的機制，及未來如何防範的機制。而且你也善於建立一套完善的制度、規章，讓組織運作更有效率。在需要風險管理和預防的工作中，你絕對能發揮出超乎常人的專業及能力，幫助你獲得成就。

發揮洞察者型強項的工作領域

檢察官、法官、外科醫生、風險管理師、調查局幹員、領航員、稽核人員、程式設計師、裝潢設計師、緝私人員、督導主管、精算師、財務長、企業顧問、工程監工。

敏銳者型（Ci型）Acuity

主要成功因子／外在競爭力

- 對於人的敏銳心思
- 善於規劃的企劃力
- 對於事物的觀察力
- 結合實際與創意的能力

主要失敗因子／內在阻礙力

- 極度需要被認同事業
- 心口不一捉摸不定
- 愛面子怕被拒絕否定
- 言詞尖銳傷害他人

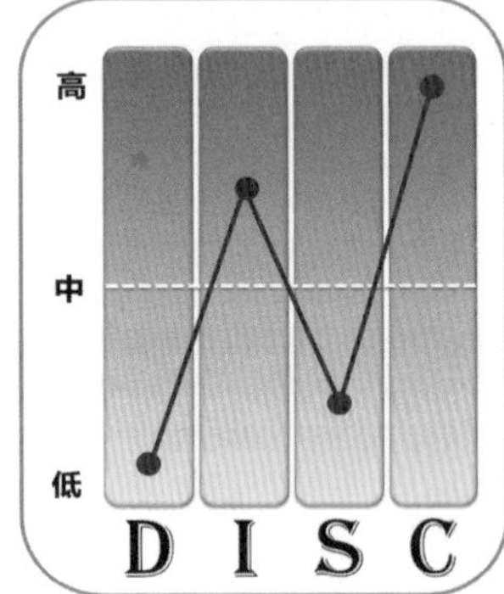

敏銳者型基礎綜合特質

你是個心思敏銳的人，很多事情你一眼就可以察覺出一些端倪，只要再問幾個問題，就可以揣摩出整件事情來龍去脈。而對於人的敏感度也是相當高的，你可以很快的就了解對的需要和需求，甚至是喜好和當下的心情轉變，無論是對人或對事，都會保有一顆敏銳的心。在工作上你相當具有規劃的能力，做一件事之前你會先詳細的調查相關的資訊和資料，搞清楚未來要完成的目標後，才開始著手規劃如何執行的細節，你絕不會沒研究就馬上動手去做，也不會隨便想一想、計畫一下就動手去執行。

敏銳者型的工作特質與強項

心思細膩是你的天生優勢，這在工作上讓你擁有過人的規劃及企劃能力，當然也包括了挑選人才的能力。你擅長看出將工作上績效不彰的問題，也會去分析如何改善的做法。但難得的是你還兼具有彈性的創意思維。在需要不斷腦力激盪去想出解決辦法的工作環境中，你會表現的相當出色。

敏銳者型常見溝通特質

你通常的溝通表達方式是仔細又有條理，總是能將事情說得清楚、講得明白，而且連細節都可以交代的很清楚，讓人可以很容易的照你的方式去做，而不會發生錯誤。不過與你性格相反類型人就會覺得你很囉唆，講那麼多枝微末節的事情要做什麼，但是在工作上這樣的溝通方式是利多於弊，因為說得清楚才不容易在溝通中產生誤會。

發揮敏銳者型強項的工作領域

服裝設計師、珠寶設計師、人力資源、人事管理、教育訓練人員、造型設計師、編劇、導演、高級廚師、活動企畫師、服裝設計師、婚禮規劃、攝影師、建築設計師。

自律者型（Cs型）Self-regulation

主要成功因子／外在競爭力

- 過於常人的自律性
- 化繁為簡的整理能力
- 提升效率的組織力
- 精準的時間管理能力

主要失敗因子／內在阻礙力

- 等待指令不主動出擊
- 紙上談兵光說不練
- 依賴計畫無法迅速反應
- 墨守成規教條主義

自律者型基礎綜合特質

你是一個自律性甚高的人，很能夠約束自己的言行舉止和待人處事，像是上班不遲到、跟朋友約吃飯不遲到、看病約診不遲到等，只要是有約都會提前到，相當有時間觀念。所以你不甚喜歡總是遲到的人，心裡會想為何會遲到？為何不早出門？還有飲食和體重方面你也是相當自律，就算是再好吃的美食，也是吃到剛好就好。工作上的你，有著極佳的組織能力，能夠將雜亂的事務整理的有條有序並分門別類，讓每件工作都在對的時間與地點去執行。

自律者型的工作特質與強項

你天生具有絕佳的組織管理能力，雜亂的事務到你手中都會變的井然有序，而且你可以把資料分門別類的整理成一套快速的查詢系統，以幫助他人在工作上能夠更方便的找到所需的工具及資訊。在需要高度系統和標準作業流程的工作環境中，將可以表現出你的獨特優勢。

自律者型常見溝通特質

通常你的溝通表達方式比較實際且保守，有多少證據說多少話，你很討厭那種沒能力又愛說大話的人，跟那種人溝通，會不小心顯露出厭惡感。另外，你的表達也相當保守，心中縱使有十足的把握，但只會講出六、七分，因為覺得凡事都有不可預知的風險，做少說多，會讓人覺得沒有信譽，但說少做多，別人會覺得你實在又可靠。

發揮自律者型強項的工作領域

藥劑師、學術研究、醫檢師、機械維修工程師、ISO設計、SOP設計、食品化驗人員、化工研究人員、產品控管、牙醫、會計師、資料管理、人事管理、物料管理。

領袖者型（DIS型）Leader

主要成功因子／外在競爭力

- 個人魅力的領導力
- 人性化的管理能力
- 迅速果敢的決斷力
- 主導掌控局勢的魄力

主要失敗因子／內在阻礙力

- 思慮不嚴密衝動行事
- 變化太快毫無章法
- 我行我素不顧慮他人
- 情緒多變難以掌控

領袖者型基礎綜合特質

你是一個擁有領袖特質的人，基本上只要你認真工作不用幾年就可以升上管理職，無論是在哪個組織單位，你的領袖氣息是很難不被發掘的。你相當容易讓人們跟隨你的腳步邁向目標，也是那種會帶頭衝鋒的領袖，而不是那種躲在幕後只動一張嘴的遙控主管。也因為你總是能夠以身作則，先做給別人看，所以大多數的人才會服從你的領導。但要注意的一點，就是有的時候思慮不夠嚴密，會誤判一些局勢，導致你做了不是很正確的決策，只要稍微問一下分析特質強的人，那事情一定會更加順利。

領袖者型的工作特質與強項

你具有一般人沒有的優質領導能力，你不僅可以帶著部屬往目標邁進，更會關懷部屬的工作狀況和心理壓力。你也善於在壓力下營造一種讓人輕鬆的環境，讓工作夥伴會願意跟你一起奮戰到底。在高度壓力和快速變化的工作環境裡，是最適合展現你領袖的魅力和能力。

領袖者型常見溝通特質

你的溝通表達方式通常是有力並可以振奮人心，不只重視工作的結果，也很重視人與人之間的溝通與互動，你不會吝嗇去讚美及肯定他人，當完成重要任務時，你會肯定別人的努力和功勞，但當受挫或意志消沉時，也會試著去鼓舞別人，讓他們從沮喪中走出來。在你的言談中總是能清楚的看到你對夢想的計劃，所以人們都會願意跟隨你的領導。

發揮領袖者型強項的工作領域

人事主管、業務主管、老闆、民意代表、立法委員、連鎖店店長、工廠廠長、執行長、專案經理、導演、影劇製作人、健身教練、企業講師、教育訓練人員、歌手、演員、各類業務代表。

企業者型（DIC型）Entrepreneur

主要成功因子／外在競爭力

- 經營公司企業的領導力
- 瞻前顧後的遠見能力
- 氣勢強盛的影響力
- 鎮定無懼的談判力

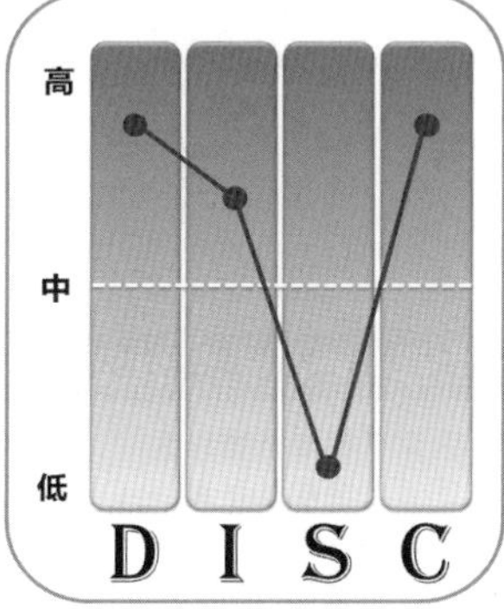

主要失敗因子／內在阻礙力

- 霸氣外露行事強硬
- 自命不凡看低他人
- 寧為玉碎不為瓦全
- 瘋狂工作忽視家庭健康

企業者型基礎綜合特質

在你身上可以發現很多企業家的特質，對自己的工作永遠保持著熱情與衝勁，對於已經下定決心要完成的目標都會全力以赴的去衝刺、而且會越做越起勁、越做越有心得，無論是有人支持或反對，對你而言都不是最重要的事情，因為心知總有一天會建造起自己的王國，證明自己的選擇是對的。另外，你也具備了多數實業家那種瞻前顧後的特質，並非魯莽行事，反而很清楚自己在做什麼，也明白自己想要什麼，所以你不只會往目標前行，也會回頭檢視航道是否偏離。

企業者型的工作特質與強項

你具有極佳的企業家特質，相當適合從事高階主管或是自行創業，當你展現出來的行動力和對未來的遠見時，在你手中事業的前景發展只是時間上的問題而已。你擅長經營管理人力、物力及人脈網路，當你將手邊的資源集合起來時，將會創造你個人工作或事業的高峰。

企業者型常見溝通特質

你的溝通方式通常直接了當且情理兼備，溝通極具目標導向，在工作上儘量不多廢話，講完重點便開始執行，會條列式的說明清楚重點、原因及目標，若在你的帶領下做事會覺得相當有方向及效率。而且你說話乾脆、不拖泥帶水，總讓人覺得相當幹練。不過也要注意，提問不要太過尖銳，容易使人感覺能力被質疑了。

發揮企業者型強項的工作領域

創業家、企業主、老闆、執行長、營運長、中高階主管、採購主管、業務主管、飯店主管、創投顧問、企業顧問、企業講師、企業併購專家、活動發起人、政治人物、各類業務代表。

策略者型（DSC型）Strategist

主要成功因子／外在競爭力

- 出謀策劃的戰略力
- 整合精細的連結力
- 明辨是非的判斷力
- 低調平穩的行事風格

主要失敗因子／內在阻礙力

- 人際失調缺乏幽默感
- 標準過高吹毛求疵
- 自命清高看輕他人
- 主控主導性過於強烈

高
中
低
D I S C

策略者型基礎綜合特質

你擅長根據一個目標去制定一套行動計畫、方針和執行方法，是個擁有擬定策略能力的人。你經常是別人或公司的軍師，在公司裡可能是個市場經理，要制定策略去跟競爭對手打價格戰。可能是個品牌經理，要制定品牌策略，去讓公司知名度快速提升。也可能是業務經理，要制定銷售策略，去搶到更多的市占率。或是老闆的軍師，要替老闆出謀策劃，想方設法的讓公司賺更多錢、運作得更順暢，因為你擁有比別人多想幾步的能力，讓目標穩紮穩打地順利完成。

策略者型的工作特質與強項

你天生擁有相當好的腦袋，可以依照情況的不同、多變的局勢去制定應變的策略，雖然你知道可以站在眾人面前領導大家，但其實你更喜歡在幕後運籌帷幄或提出計策的感覺。在經常需要擬定大方向和市場策略的工作中，會讓你展現鮮少人具有的分析戰略的能力。

策略者型常見溝通特質

你溝通表達的方式是一般人學不來的，因為你心思縝密、邏輯嚴謹，所以你說的話通常合情合理、合乎邏輯，讓人一聽就會相當認同，不會讓人感覺是瞎掰的話術。你習慣將事情的來龍去脈做全面性的分析，當問題的人去找你談話之後，通常都會得到滿意的答覆，因為你的觀點及分析能力總能讓人茅塞頓開。

發揮策略者型強項的工作領域

市場經理、品牌經理、造型設計師、政戰軍官、國策顧問、企業策略長、科技研發人員、律師、談判專家、法官、檢察官、活動企畫師、建築設計師、程式工程師、大學教授。

幕僚者型（ISC型）Assistant

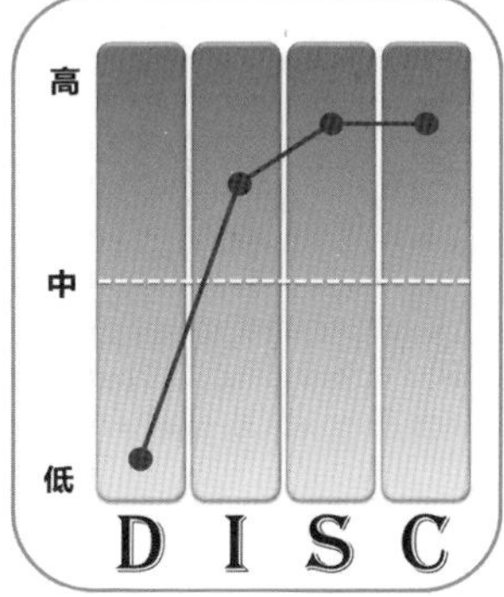

主要成功因子／外在競爭力

- 極佳的察言觀色力
- 口耳相傳的品格力
- 清楚的條例表達能力
- 完整落實工作的能力

主要失敗因子／內在阻礙力

- 沒有擔當肩膀軟弱
- 面對挑戰扛不住壓力
- 三心二意不夠果決
- 空想卻不實際行動

幕僚者型基礎綜合特質

你是一個很好的幕僚，不是說你一輩子就只能當幕僚，無法當個主事者或是決策主，而是你天生性格比較不喜歡去掌控全局，或是站在眾人面前大張旗鼓。因為你理解老二哲學中的意涵與智慧，明白當老大的光芒越大，要面對的壓力就越大，要扛的責任就越多，要面對的問題也越難，所以盡可能會選擇一個進可攻、退可守的好位子。但這也突顯出該注意的地方，就是抗壓力比較薄弱，比較不敢做出重大的決定，因為怕做錯決定後害到自己不打緊，但要是害到別人和團隊，那會內疚很久的。

幕僚者型常見溝通特質

你與人的溝通表達方式通常給人詼諧又有內涵的感覺，不會用那種直接命令的方式去與人溝通，那也是你最不喜歡的表達方式。你喜歡用說故事的方式去傳達你的想法，太過直接的表達方式你比較不能接受，因為你覺得那種方式是沒有藝術的溝通方式。但要留意一點，有些事若不直接表明，日後可能會產生誤解。

策略者型的工作特質與強項

少有人跟你一樣同時擁有表達、穩定、謹慎的工作能力，你的優點平常不會特別的顯露，只有當你不在工作崗位時，上司或公司才會發覺你的重要性，只要時間一久就很難不需要你的協助。在需要長時間支援、報告、統整資訊並提出建議的工作崗位上，你絕對可以將你的優勢發揮的很出色。

發揮幕僚者型強項的工作領域

董事長特助、企業發言人、高級秘書、公家機關主管、編劇、教育訓練人員、人力資源、救難人員、代書、社會工作者、專業護理、神職人員、各類業務代表。

超載型（四型皆偏高）Overload

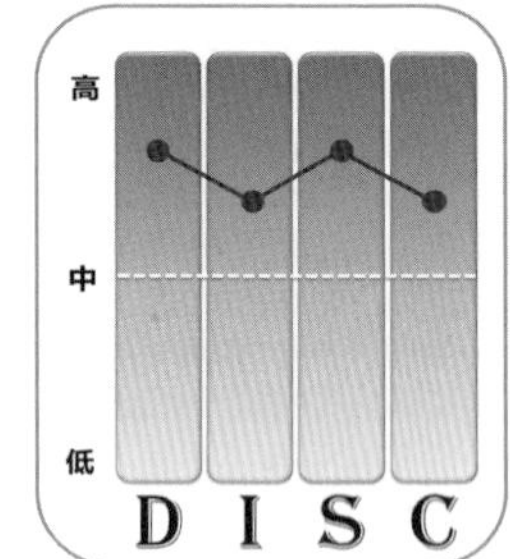

你無疑是個非常優秀的人，擁有過人的精力、旺盛的行動力、正面積極、熱情有活力、熱愛助人、關懷他人，同時還具有清晰敏捷的思路和謹慎嚴謹的原則。擁有鮮明的DISC四種特質是極度罕見的優質才人，但相對的你也會出現脾氣暴躁、固執己見、情緒不穩、生活紊亂、優柔寡斷、見異思遷、過度懷疑、吹毛求疵等的負面特質。

所以當你的報告傾向這類「能量超載型」，表示現在面臨的壓力很大，而且已經承受了一段時間，你告訴自己必須凡事要親力親為、每件事都要完美無瑕、又會不斷地擔憂和煩惱未來不可預知的意外及風險。你極盡可能的要求自己達成高標準，也期望與任何人都保有良好的關係，更期望自己能扛著肩上的使命感奮力的往前走，不允許自己有一刻是放鬆的。

但其實是蠻累、蠻疲倦的，你的能量或許已瀕臨透支、極限邊緣了，希望有人可以跟你一起扛下眼前的重擔，但目前應該是沒有人可以跟得上你的步伐，因為你現階段的能量太過強大。如果你很快活，那恭喜你，你是個超然卓越的人才，但相反的你每天都過的不快樂、不滿足，建議你找個專業的輔導師資談談，是否人生的擔子過於沉重，否則你的身體與心理是會受不了的。

下陷型（四型皆偏低）Slump

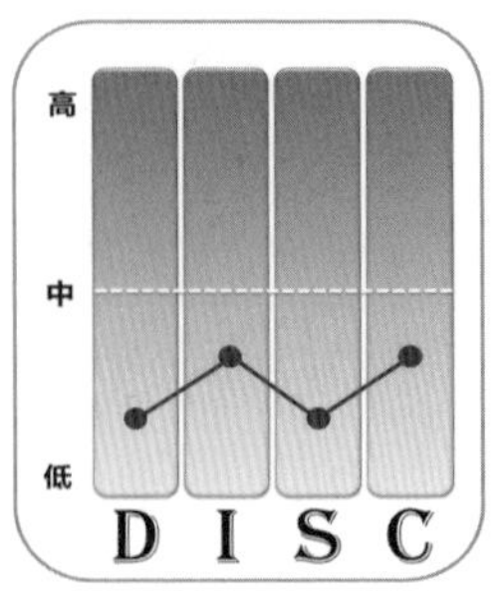

當你的報告是傾向「能量下陷型」，表示目前狀況不是很好，因為缺乏行動力、沒有鬥志、對生活提不起勁、沒有熱情、也不想穩定、心思混亂、也沒有目標與方向、對未來沒有規劃、做事容易心不在焉、或消極面對現況，通常這種狀況有兩種。

一種是你近來受到重大的打擊，像是痛失親人、瀕臨死亡、病痛纏身、頓失經濟或是分手離婚，這些都會使你過度難過、沮喪、喪失自信及人生前進的動力，甚至會出現自暴自棄、自我放逐、行屍走肉般的消極行為，建議尋求專業的心理輔導師做深入的輔導，以免陷入長期低潮，影響身心。

第二種是你對現在所處的環境極度不滿意，打算以消極面對現況，用無言去抗議不滿，什麼都不做、都不想、也不聽，只是想盡快逃離現在的環境。建議你找個專業的輔導師資做諮詢，好了解如何解決現在遇到狀況和問題。

適應型 or 閉鎖型（四型數值平均）
Adapt or Closure

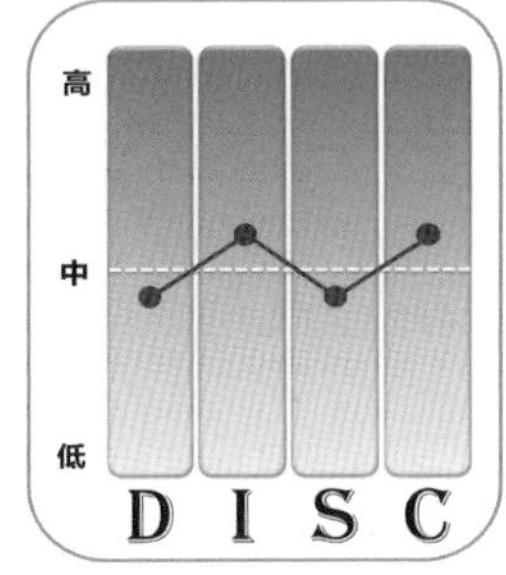

基本上DISC 四型特質都有，而且程度居中的現象有三種可能的狀態：第一種傾向屬於傾向「適應型」。表示現在你所處的環境限制你的表現、想法、處事風格。限制你不能太將自己的性格表現出來，也要求你要將沒有的性格發展出來，像是因為工作的需求與內容，強迫你不能太過活潑外向、不能有自己的想法、不能按照自己的方式做事，而是要你保持沉著理性、做重覆又單調的事，這型DISC的呈現表示你現在相當能適應環境的變化，知道在哪些時候該做哪些事，什麼時機該有哪些作為，但另一面也表示你的某項特質因為環境因素而受到壓抑，導致四項特質呈現出強度皆平均的狀態。

第二種傾向屬於「能量閉鎖型」，沒有一種特質是你的主要特質，也沒有特別強烈的負面特質。你有企圖心，卻不喜歡競爭；你樂觀，卻也會負面思考；你喜歡穩定，卻又不喜歡重覆；你冷靜理性、卻又會衝動行事。其實你內心不時充滿著矛盾，有時候你好像無法確定自己究竟是活潑外向、還是害羞內向，是看重事情、還是注重人情。因為你DISC 四種特質都有，卻都不是很明顯，如此你的能量容易呈現出閉鎖式的循環，雖然僅能展現原有一半的能力及效能，但出錯率也不高，總體來說就是「中庸」之道，是一種非大好、非大壞的狀態，但此種圖表類型的解釋可能性較多，建議可重做一次測驗。

第三種傾向或許是你目前正走在人生的十字路口，正面對著重要的抉擇，譬如像是想轉換工作，或是對於未來的人生規劃有所茫然，覺得這個也可以，那個也行，都不是很喜歡，但也不是很討厭。建議你可以找專業的職涯規劃師資約談，好幫你定位與規劃為來較正確的人生道路，當然也可以重做一次測驗，好讓結果更準確。

致謝

在林俊傑的《不為誰而做的歌》這首MV中，黃子佼訪問JJ林俊傑說：「講一講你生命中最感謝的人，最感謝的事」，林俊傑想了一下回：「哇，太多了！就好像生命中有很多，你不認識的人，他們每一個都……」，然後黃子佼接了話說：「說不完是嗎？要不要寫成一個表格？」林俊傑沉思片刻後回答說：「我寫歌。」

「致謝」就像這首《不為誰而做的歌》的精神一樣，要感謝的人真的太多了，回首十多年，每一位在身旁的人及走過身旁的人，都是累積這本書最豐富的點點繁星，但我想放在心裡如詩篇般的感謝，不如一句當面真誠的道謝。

許多得獎的場合都會說：「感謝我生命中的兩位女人」，恰巧我也剛好是兩位。一位肯定是我的母親，她是家中的支柱，一位飽受兩兄弟磨難的母親，沒有她的督促教誨，很可能中學就走上歪路，沒有她的付出，我分享的話語就不會有溫度。很喜歡江蕙《落雨聲》的一句歌詞：「你若欲友孝世大嘸免等好額」，感謝媽媽永遠最無私的愛，將此書獻給我深愛的母親。

另一位女性就是我的經紀人，從沒人在乎的打雜小弟，到與全球百大品牌合作，從上台照念簡報，到現在可以在幾百人面前談笑風生，一路走來的蛻變都要感謝她。沒有她的發掘，人生不會如此精彩，感謝她多年的包容與信任，感謝她一直以來的堅持，讓DISC有了不平凡的未來。「千里馬常有，伯樂難尋」，感謝上天給了我伯樂，期待下一個嶄新的十年。

感謝父親的愛永遠在背後支持這個家，沒有他穩健的經濟支柱，我是不可能放開手腳，去追尋那遙不可及的夢想。也感謝弟弟豪邁不羈的D型人格，要是他是S型的無尾熊，那這本書就沒有「從前有一個家……」的開始。

除了家人外，特別感謝十位願意分享在DISC路上有所獲益的夥伴朋友們，以及擔任推薦人的各界菁英前輩、師長、學長姐們，沒有你們的情義與支持，此書將是暗無星月的夜晚，一切感恩，點滴心頭。

另外，感謝多年合作的夥伴黃緗緹，沒有她的引薦，這本書只是個構想，不知何時可以「名正言順」的放在各大通路書店裡。也感謝此書總編輯林開富及其團隊同仁，感謝開富一路上的鼓勵，給予我完成此書的莫大信心。

感謝長年支持的影像設計師黃俊元、青少年黃金助教團、舅舅、舅媽、乾媽、阿姨們……，但最後一位要感謝的，正是拾起此書的您，一直希望本書不只有深度，更有溫度。若您因此從中獲益，非常歡迎您來信與我分享，也期盼您能將此書分享給更多朋友，世界將因您而美好。

「我們缺的不是知識，是一顆溫暖人的心」——蔡緯昱

DISC識人溝通學

跟誰都能合得來的人際經營術

作者蔡緯昱**編輯協力及校對**黃緗緹、吳德萱**美術設計暨封面設計**瑞比特設計**行銷企劃經理**呂妙君**行銷專員**許立心

總編輯林開富**社長**李淑霞**PCH生活旅遊事業總經理**李淑霞**發行人**何飛鵬 **出版公司**墨刻出版股份有限公司 **地址**台北市民生東路2段141號9樓 **電話** 886-2-25007008 **傳真**886-2-25007796 **EMAIL** mook_service@cph.com.tw **網址** www.mook.com.tw **發行公司**英屬蓋曼群島商家庭傳媒股份有限公司城邦分公司 **城邦讀書花園** www.cite.com.tw **劃撥**19863813 **戶名**書蟲股份有限公司 **香港發行所**城邦（香港）出版集團有限公司 **地址**香港灣仔洛克道193號東超商業中心1樓 **電話**852-2508-6231 **傳真**852-2578-9337 **經銷商**聯合股份有限公司（電話：886-2-29178022）金世盟實業股份有限公司 **製版印刷** 漾格科技股份有限公司 **城邦書號**KG4009 ISBN 978-986-289-459-0 **定價**360元 **出版日期**2019年5月**初版** 2019年6月**二刷** 2020年5月**三刷** 2020年8月**四刷** 2020年10月**五刷**

國家圖書館出版品預行編目(CIP)資料

DISC識人溝通學：跟誰都能合得來的人際經營術／蔡緯昱作. -- 初版. -- 臺北市：墨刻出版：家庭傳媒城邦分公司發行, 2019.04

面； 公分

ISBN 978-986-289-459-0(平裝)

1.職場成功法 2.人際關係

494.35 108005428